일반물리학이라면 이제 만화로 공부하세요

Ⅰ 고전역학

조재경 지음

KYOWOOSA 교우사

뉴턴
아인슈타인
볼츠만
멕스웰
슈뢰딩거
고전역학
상대성이론
열역학
전자기학
양자역학
보이는 물리
단언컨대 본다는 것은
최고의 축복입니다.
헬렌켈러

고전역학

일반물리학

일반물리학은 자연의 이치를 탐구하는 학문으로, 모든 전공의 자연계 학부생들이 교양과정에서 이수하는 과목입니다. 일반물리학은 다양한 전공의 학생들에게 기초가 되는 고전역학, 상대성이론, 열역학, 전자기학, 양자역학의 전 분야를 다루므로 내용이 방대하고 어려워서 이해하기가 쉽지 않고 가르치기도 쉽지 않습니다.

이 책에서는 일반물리학의 개념들을 가능한 한 쉽게 파악할 수 있도록 만화를 통하여 강의하듯이 구어체로 풀어 썼습니다. 또한 만화라는 형식의 자유로움을 이용해서 글만으로는 표현하기 어려운 개념들을 시각화 했습니다.

물리학의 제 개념들을 시각화하려는 이유는 우리의 인식이 우선 시각적인 것에서 출발한 후에 그것에 대한 논리를 세워서 서술하는 과정 속에서 형성되기 때문입니다. 그러나 우리가 보통 물리학 책을 읽을 때에는, 서술을 바탕으로 그것에 대한 이미지를 머릿속에 그리려고 애쓰는 순서가 뒤바뀐 과정을 행합니다. 이러한 과정이 물리학과 그 현상을 기술하는 수학의 추상성과 결부되어 물리학이 어렵게 느껴지는 이유 중의 하나일 것입니다.

이 책에서는 또한 물리학의 핵심만을 추출하여 가능한 한 우리 생활 속의 많은 예와 결부시키려고 노력했습니다. 본문에서는 핵심 개념들을 시각화하여 설명하였고, 각 단원말의 퀴즈에서는 개념 파악의 심화 예와 구체적인 계산 예를 제공했습니다.

이 책이 독자 여러분들에게 일반물리학에 대한 흥미를 유발시켜서 물리학을 공부하는 동기가 되고, 또한 물리학에 대한 이해의 폭을 넓히는 데 도움이 된다면 큰 기쁨이겠습니다.

출판에 힘써주신 도서출판 교우사의 오판근 사장님, 그리고 이 책이 나오기까지 수고해 주신 모든 분들께 깊은 감사를 드립니다.

조재경

차 례

1. 일반물리학이란? / 1

2. 물리량과 측정 / 11
• 퀴즈 ••• 18

3. 1차원 직선운동 / 21
• 위치와 변위 ••• 22
• 평균속도와 평균속력 ••• 23
• 가속도 ••• 24
• 순간속도와 순간속력 ••• 24
• 등가속도 운동 ••• 26
• 자유낙하의 가속도 ••• 30
• 퀴즈 ••• 31

4. 벡터 / 35

- 벡터 덧셈 ••• 38
- 벡터의 성분 ••• 40
- 단위 벡터 ••• 41
- 벡터성분을 이용한 벡터덧셈 ••• 42
- 벡터 곱셈 ••• 43
- 스칼라곱(벡터의 내적) ••• 43
- 벡터에 벡터 곱하기 ••• 43
- 벡터곱(벡터의 외적) ••• 46
- 퀴즈 ••• 49

5. 2차원, 3차원 운동 / 51

- 위치벡터와 변위벡터 ••• 52
- 평균속도벡터와 순간속도벡터 ••• 54
- 평균가속도벡터와 순간가속도벡터 ••• 55
- 발사체 운동 ••• 56
- 경로방정식 ••• 60
- 수평 도달 거리 ••• 61
- 등속 원운동 ••• 63
- 1차원 상대운동 ••• 66
- 2차원 상대운동 ••• 69
- 퀴즈 ••• 70

차 례

6. 힘과 운동 / 77

- 뉴턴의 제1법칙 ••• 78
- 뉴턴의 제2법칙 ••• 79
- 뉴턴의 제3법칙 ••• 82
- 마찰 ••• 83
- 저항력과 종단속력 ••• 85
- 등속원운동과 구심력 ••• 87
- 퀴즈 ••• 88

7. 운동에너지와 일 / 95

- 운동에너지 ••• 96
- 일 ••• 97
- 일과 운동에너지 ••• 98
- 일-운동에너지 정리 ••• 102
- 중력에 의한 일 ••• 103
- 변하는 힘이 한 일 ••• 106
- 일률 ••• 115
- 퀴즈 ••• 118

8. 에너지 보존 / 125

- 일과 퍼텐셜에너지 ••• 126
- 보존력과 비보전력 ••• 130
- 경로와 무관한 보존력 ••• 132
- 퍼텐셜에너지 구하기 ••• 135
- 역학에너지의 보존 ••• 140
- 외력이 계에 한 일 ••• 146
- 에너지 보존 ••• 148
- 퀴즈 ••• 151

9. 질량 중심과 선운동량 / 157

- 질량 중심 ••• 158
- 입자계에 대한 뉴턴의 제2법칙 ••• 166
- 선운동량 ••• 168
- 충돌과 충격량 ••• 172
- 선운동량의 보존 ••• 176
- 탄성충돌과 비탄성충돌 ••• 177
- 1차원 비탄성충돌 ••• 179
- 1차원 탄성충돌 ••• 181
- 2차원 충돌 ••• 188
- 질량이 변하는 계 : 로켓 ••• 190
- 퀴즈 ••• 198

10. 회전운동 / 209

- 병진운동과 회전운동 ••• 210
- 각위치 ••• 212
- 각변위 ••• 217
- 각속도 ••• 217
- 각가속도 ••• 219
- 등각속도 회전운동 ••• 221
- 각변수와 선변수의 관계 ••• 222
- 회전운동에너지 ••• 230
- 토크 ••• 244
- 회전에 관한 뉴턴의 제2법칙 ••• 248
- 회전운동에 의한 일과 회전운동에너지 ••• 250
- 퀴즈 ••• 253

차 례

11. 각운동량 / 267

- 토크의 벡터 표시 ••• 268
- 각운동량 ••• 272
- 토크와 각운동량으로 나타낸 뉴턴의 제2법칙 ••• 274
- 입자계의 각운동량 ••• 277
- 고정된 축 주위로 회전하는 강체의 각운동량 ••• 279
- 각운동량 보존법칙 ••• 282
- 퀴즈 ••• 288

12. 굴림운동 / 299

- 굴림운동 = 회전운동 + 병진운동 ••• 300
- 굴림운동의 운동에너지 ••• 305
- 굴림운동에 작용하는 힘 ••• 307
- 퀴즈 ••• 316

13. 평형과 탄성 / 321

- 평형조건 ••• 322
- 퀴즈 ••• 354

물리수강
1. 일반
물리학
이란?

○○ 대학
대학의 공기는 자유로워.
일반물리학 강의
일반물리란 말야.
아유, 졸려.
일반물리학
펑
미라야.

나는 물리도사다. 내가 네 물리공부를 도와주러 왔느니라.
아니, 그렇게 황홀한 말씀을
따라와 봐라.
일반 물리학 역사관
일반물리학은 모든 사물들이 어떻게 움직이는가를 알려주는 학문이야. 모든 자연과학과 응용과학의 기초가 되지.
앗~
자연과학?
응용과학?
천문학
생물학
화학
지질학
공학
의학
일반물리학에는 6가지 영역이 있단다.
1. 고전역학
2. 상대성이론
3. 열역학
4. 전자기학
5. 광학
6. 양자역학

쿵 쿵 쿵
고전 역학
우리가 사는 세상의 모든 물체의 운동을 다루지. 정확하게는 원자보다 크고, 광속보다 아주 느린 속력으로 움직이는 모든 물체의 운동을 다뤄. 물체는 힘이 작용하면 운동하니까. 뉴턴 역학 또는 그냥 역학이라고 부르기도 한단다.
나 뉴턴. 내가 집대성 했어.
1643-1727
지구가 태양 주위를 도는 것을 포함해서 우주의 모든 별들의 움직임이라던가, 로켓을 쏘아 올려서 화성을 돌고 오게 한다던가, 지구상의 모든 물체의 운동… 등은 모두 고전역학으로 계산할 수 있지.
히야. 신기하네. 그래서 뉴턴이 유명하구나!
1879-1955
상대성 이론
나! 아인슈타인
NBN

광속에 가깝도록 빠르게 운동할 때 두드러지게 나타나는 현상이란다.
내 이론인 건 알고 있지?
광속에 가까운 속력으로 물체가 운동을 하면, 시간이 천천히 가고, 크기가 작아지며, 질량이 증가하는 이상한 현상들이 나타난단다.
광속운동 → 시간정지
일상생활에서는 못 느끼겠는데요?
그건 느리기 때문이야. 로켓이라도 광속에 비하면 매우 느리지.
이런 경우는 고전역학으로 계산해도 오차가 작아서 충분히
전자석
가속기
전자
원자 속의 전자, 양성자 등은 가속기로 가속시키면 광속에 가깝도록 빠르게 할 수 있기 때문에, 상대성 이론에서 예측하는 현상들을 볼 수 있어.

으~이~아뜨~
저~이… ~떠거…
열역학
고전역학과 상대성 이론은 물체 한 개 한 개의 운동을 다루는 반면 열역학은 수증기 분자의 경우와 같이 억의 억의 억 개의 입자의 운동을 다루지.
꽃향기가 코에 들어가서 냄새를 맡는 과정을 생각해봐. 향기분자의 숫자가 너무 많아서 한 개 한 개의 운동을 모두 계산할 수 없겠지?
따라서 통계적인 방법을 동원해서, 많은 입자들로 구성된 계의 열, 온도, 일 등의 거동을 다룬단다.
내가 집대성했지. 나? 볼츠만 1844~1906
전자기학
BATTERY
고전역학, 상대성 이론, 열역학은 모두 전기를 띠지 않은 입자들에 관한 이론이야.
전기를 띈 입자에 대한 이론이 전자기학이지.
+
–

전기를 띤 입자가 움직이면
전류와 자기가 생겨.
따라서 전기, 자기, 전자기장에
대해서 다룬단다.
N S
내가
집대성한
맥스웰 방정식을
만나게
될 거야.
맥스웰
1831~1979
광학
빛의
성질과 빛과
물질의
상호작용을
다루지.
빛의 본질에 대해
뉴턴은 직진성 때문에
입자라고 했는데.
호이겐스는 빛이 간섭하므로
파동이고 했지.
플랑크는
다시 입자론을 주장했고,
현대의 양자역학에 와서 빛은
입자이면서 파동이라는
이중적 성질을 가지고 있다는
것이 알려졌어.
나는 쥐일까 새일까?

양자역학
전자, 양성자와 같이 아주 작은 입자들의 거동을 다룰 때 두드러지게 나타나는 법칙이야.
핵폭탄
물론 큰 입자들에게도 적용되지. 양자역학만이 엄밀한 이론이고, 위에서 얘기한 5가지 분야는 모두 양자역학의 근사해란다.
이런 소립자들은 상식에 벗어나는 거동을 하기도 해.
예를 들면 알리바이가 성립하지 않지.
전자는 빛과 같이 파동성도 가지고 있어서 바람 같이 퍼져 있다면 한 곳에 있다고 하기 어렵겠지?
나 어디 있었게?
또 인과법칙이 성립하지 않아. 예를 들어서 전자를 과녁에 던진다고 해 보자.
똑같은 폼으로 던져도 전자가 날아가서 맞는 곳은 다르단다.
아이쿠!

마치 파리를 잡아서 던지는 것과 유사하지. 전자가 입자이면서 파동성도 가지고 있기 때문이야.
그러나 전자를 무수히 여러 번 던지면, 항상 일정한 무늬가 그려지지.
이것을 통계적인 인과법칙이라고 한단다.
신기하네.
양자역학은 내가 집대성했지. 슈뢰딩거방정식으로
슈뢰딩거 1887~1961
도사님! 일반물리학에 대해서 가르쳐 주세요. 꼭요!
3일만 날 따라다녀라. 널 일반물리학 도사로 만들어 줄게.

고전역학

일반물리학

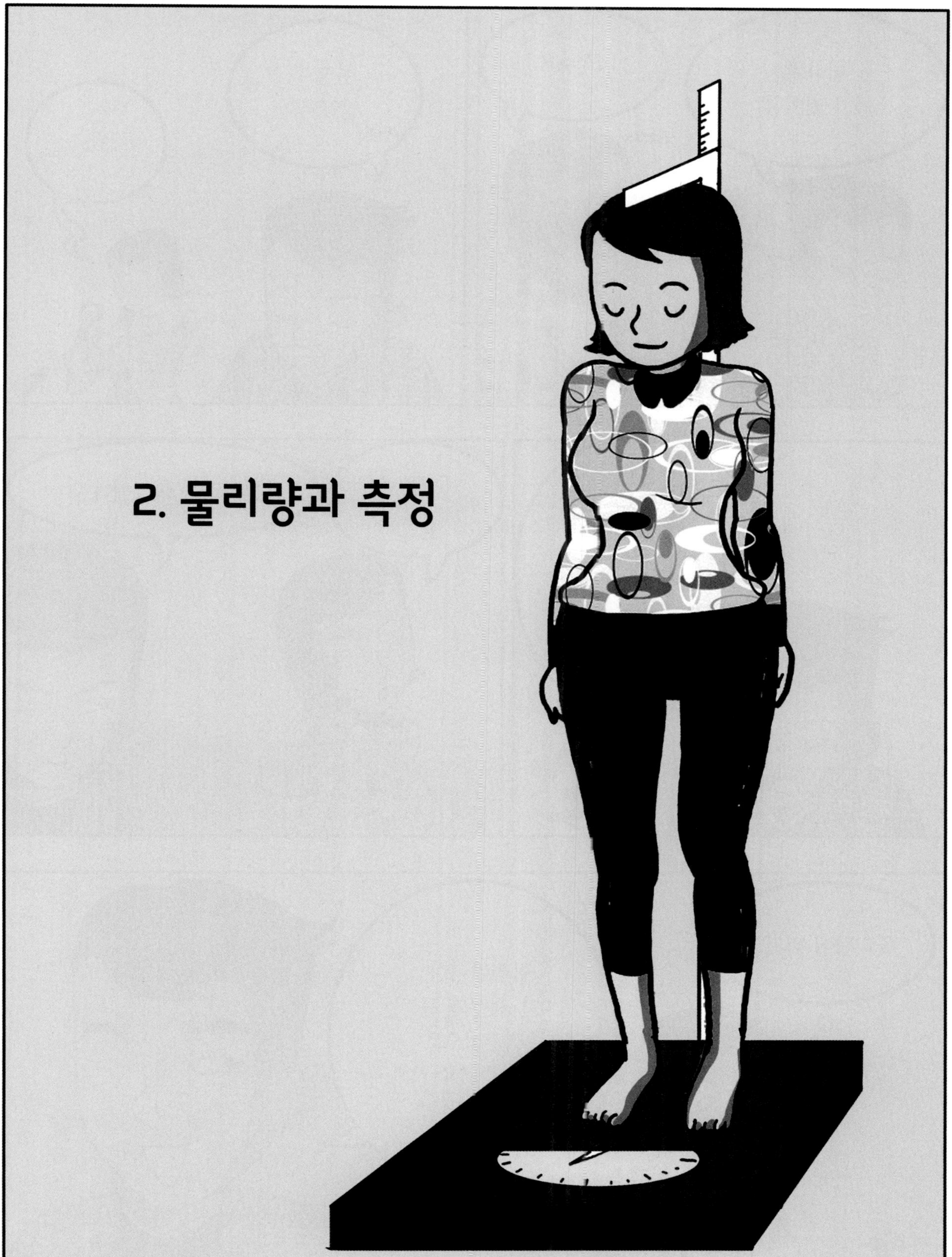

2. 물리량과 측정

미라야,
키가 몇이니?
167cm요.
어떻게
알았니?
재봤죠.
측정을
했구나.
물리학은
측정에
바탕을
두고 있단다.
뭘
측정하죠?
물리량을 측정해야지.
물리량이 뭐지?
물리량이란
키, 몸무게 등
"객관적으로
측정할 수 있는 양"
을 뜻한단다.

물리량	단위
길이	m (미터)
질량	kg (킬로그램)
시간	s (초)
전류	A (암페어)
온도	K (켈빈)
물질의 양	mol (몰)
광도	cd (칸델라)

미시적으로 비교할 때에는 1 m: 빛이 진공 속에서 1/299,792,456초 동안 진행한 거리

우주의 크기	$\sim 10^{26}$ m
지구의 크기	$\sim 10^{6}$ m
먼지 입자	$\sim 10^{-4}$ m
바이러스	$\sim 10^{-8}$ m
수소원자	$\sim 10^{-10}$ m
양성자	$\sim 10^{-15}$ m

탄소원자의 질량 $12u$:

$1u = 1.66053886 \times 10^{27}$kg

우주의 질량	$\sim 10^{52}$ kg
지구의 질량	$\sim 10^{24}$ kg
먼지 입자	$\sim 10^{-10}$ kg
박테리아	$\sim 10^{-15}$ kg
수소원자	$\sim 10^{-27}$ kg
전자	$\sim 10^{-31}$ kg

1초: 세슘 133원자(동위원소)에서 방출되는 특정한 파장의 빛이 9,192,631,770번 진동하는 데 걸리는 시간

우주의 나이	$\sim 10^{17}$ s
지구의 나이	$\sim 10^{17}$ s
인간의 수명	$\sim 10^{9}$ s
음파의 주기	$\sim 10^{-3}$ s
원자진동주기	$\sim 10^{-13}$ s
불안정입자	$\sim 10^{-23}$ s

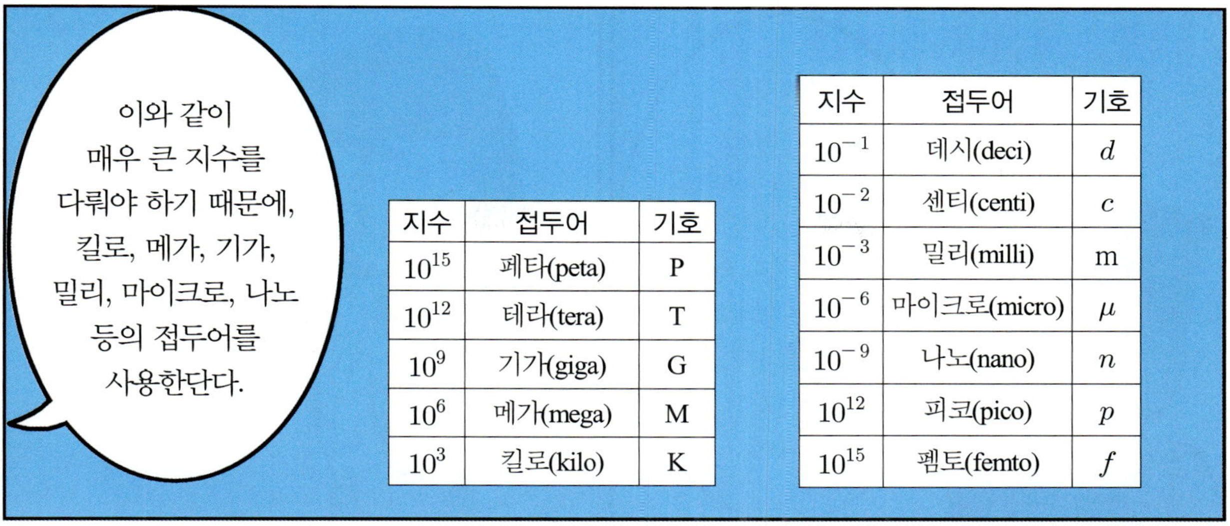

지수	접두어	기호
10^{15}	페타(peta)	P
10^{12}	테라(tera)	T
10^{9}	기가(giga)	G
10^{6}	메가(mega)	M
10^{3}	킬로(kilo)	K

지수	접두어	기호
10^{-1}	데시(deci)	d
10^{-2}	센티(centi)	c
10^{-3}	밀리(milli)	m
10^{-6}	마이크로(micro)	μ
10^{-9}	나노(nano)	n
10^{12}	피코(pico)	p
10^{15}	펨토(femto)	f

따라서, 가로 길이는 23 cm ±0.1 cm라고 쓸 수 있단다. 이 경우 의미 있는 숫자는 2와 3 두 개니까 유효숫자는 두 개야.
아하! 유효숫자란 의미 있는 숫자구나.
세로 길이를 재봤을 때 1.8 cm였다면, 이 직사각형의 면적은 얼마가 되겠니?
유효숫자를 고려해서.
그거야 23 cm×1.8 cm =4.14 cm²죠.
아니지. 길이의 유효숫자가 2개니까 면적 값도 유효숫자를 2개만 써서 나타내야지. 즉, 4.1 cm²라고 해야 맞는 거란다.
자의 정밀도가 0.1 cm인데 어떻게 0.04 cm까지 측정할 수 있겠어?
헉! 그렇구나.

곱한 결괏값의 유효숫자는 곱한 양 중 가장 작은 유효숫자 수와 같게 함.
나눗셈도 마찬가지!!
덧셈도 해보죠. 125 + 3.25 = 128.25가 되는데 128이라고 써야 되겠네요.
그렇지. 125의 정밀도는 ±1이니까, 0.25는 버려야 돼.
같은 맥락에서, 즉 1.0001 + 0.0003 = 1.0004가 되고 1.002 − 0.997 = 0.005가 된단다.
이 경우들은 정밀도가 같으니까 그냥 계산하면 되는군요.
덧셈, 뺄셈의 결괏값의 소수점 이하의 자릿수는 계산에 포함된 숫자 중 소수점 이하 자릿수가 가장 작은 것과 같아야 함.
영은 유효숫자일 수도 있고 아닐 수도 있어. 0.02, 0.0035와 같이 소수점을 나타내기 위한 영은 유효 숫자가 아니야.
150과 같이 숫자 뒤의 영은 애매한데, 유효 숫자가 2개라면 1.5 × 10²(정밀도 ±10, 이 경우 영은 유효 숫자가 아님) 유효 숫자가 3개라면 1.50 × 10²(정밀도 ±1, 이 경우는 영이 유효숫자임)이라고 쓴단다.
0.0210도 마찬가지로, 유효숫자가 2개라면 2.1 × 10⁻², 3개라면 2.10 × 10⁻²이라고 쓰지.

퀴즈 1 마이크로미터(μm)는 마이크론이라고 읽기도 한다.

(a) 2 km는 몇 μm인가?

(b) 5 μm는 몇 센티미터인가?

답 (a) $2\text{ km} \times 10^3\text{ m/km} \times 10^6\ \mu\text{m/m} = 2 \times 10^9\ \mu\text{m}$

(b) $5\ \mu\text{m} \times 10^{-6}\text{ m}/\mu\text{m} \times 10^2\text{ cm/m} = 5 \times 10^{-4}\text{ cm}$

퀴즈 2 철원자의 질량은 55.9 u이다. 철원자의 질량을 그램으로 나타내면?
단, $1\,u = 1.66053886 \times 10^{-27}$ kg임.

답 $55.9\,u \times 1.66053886 \times 10^{-27}\text{ kg}/u \times 10^3\ g/kg = 92824122274 \times 10^{-24}\ g$

그런데 곱한 결괏값의 유효숫자는 곱한 양 중 가장 작은
유효숫자(55.9) 수와 같게 해야 하므로
$928 \times 10^{-24}\ g$

퀴즈 3 뉴턴의 제2법칙에 의하면 F = ma이다. 여기서 F는 힘, m은 질량, a는 가속도 이다.
힘 F를 기본물리량인 질량(kg), 거리(m), 시간(s)으로 나타내라.

답 $F = ma = (\text{kg}) \times (\text{m/s}^2) = \text{kg} \cdot \text{m/s}^2$

이것이 힘의 단위이며, 이것을 N(뉴턴)이라고 부른다.

퀴즈 4 두 물체 간에 작용하는 뉴턴의 만유인력의 법칙은 다음 식으로 표현된다.

$$F = G\frac{Mm}{r^2}$$

여기서 F는 힘, M과 m은 두 물체의 질량, r은 두 물체 간의 거리, G는 중력상수이다. 중력상수의 단위는?

답

$$G = \frac{Fr^2}{Mm} = \frac{(kg)\left(\frac{m}{s^2}\right)(m^2)}{(kg)(kg)} = \frac{m^3}{(kg)s^2}$$

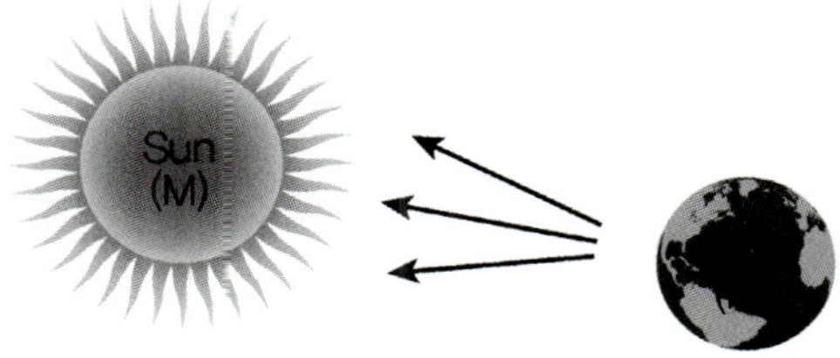

퀴즈 5 우리 몸을 구성하고 있는 탄소의 원자량은 12.011이다. 탄소 12.011 g 속에는 몇 개의 탄소원자가 들어 있을까? 단, 탄소원자 1개의 질량은 12 u임.

답

$12.011\ g/((12\ u)(1.66053886 \times 10^{-27}\ kg/u)(10^3\ g/kg)) = 0.6027661808 \times 10^{24}$

$\approx 6.0277 \times 10^{23}$개(유효숫자 맞추기에 주의)

이것을 아보가드로수라고 하고, 물질 1 mol(몰) 속에 들어있는 입자(분자, 원자, 전자, 이온, 유리기 등)의 수이다.

퀴즈 6 두 물체의 질량이 각각 20.1 kg과 0.235 kg이다. 두 질량의 합을 구하라.

답

20.1 kg + 0.235 kg = 20.335 kg

그런데 덧셈, 뺄셈의 결괏값의 소수점 이하의 자릿수는 계산에 포함된 숫자 중 소수점 이하의 자릿수가 가장 작은 것(20.1)과 같아야 하므로 20.3 kg이 된다.

고전역학

일반물리학

3. 1차원 직선운동

모든 물체는 운동을 하고
물체의 운동을 다루는 것이
물리학이야.
정지해 있는 것
같은 길도 운동을
하나요?
물론이지.
지구가 자전,
공전을 하니까
운동하고
있지.
Park
2km
운동에는 병진, 회전, 진동의
세 가지가 있어.
병진
진동
회전
위치와 변위
우선,
병진 직선 운동에
대해서 생각해
보자.
운동을 하면
위치에 변화가 생기는데
이것을 변위라고 해.
변위는 나중 위치－처음 위치야.
$\Delta x = x_2 - x_1$
Δ(델타)는 나중 값에서 처음 값을 뺀
변화량을 나타낸단다.
x_2 : 나중 위치,
x_1 : 처음 위치

−2 −1 0 1 2
기준점(원점)
위치는 기준점에 대한 상대위치겠네요.
변위는 음이 될 수도 있지. 예를 들어 $x_1 = 6\,\text{m}$, $x_2 = 1\,\text{m}$이면 $\Delta x = x_2 - x_1 = 1 - 6 = -5\,\text{m}$
물론 양이나 영이 될 수도 있어.
이동한 거리와 혼동하면 안 되겠군요. 1 m지점에서 5 m지점으로 갔다가 다시 1 m지점으로 오면 거리는 8 m이지만, 변위는 영이네요.
변위는 방향과 크기를 갖는 벡터량이구나.
거리는 스칼라양
평균속도와 평균속력
속도가 변하는 경우는 평균속도를 사용하기도 하지.
자동차가 아래 그림과 같이 움직였다면,
변위 $(x(t), m)$
4 3 2 1
0 1 2 3 4
시간 (t, s)
평균속도 v_{avg}는
$v_{avg} = \frac{\Delta x}{\Delta t} = \frac{3}{4}$ m/s
평균속력 s_{avg}는
$s_{avg} = \frac{\text{총거리}}{\Delta t} = \frac{3}{4}$ m/s
속도는 벡터 속력은 스칼라
이 경우는 둘이 같지만 같지 않을 수도 있겠네요.

순간속도와 순간속력
물체가 어떤 순간에 얼마나 빨리 움직이고 있는가를 나타내는 것이 순간속도야.
이때, 이순간의 속도
한방 먹어랏!
순간속도 v는 시간간격 Δt가 영에 접근할 때의 평균속도로 계산할 수 있어. 즉,
$v = \lim_{\Delta t \to 0} \frac{\Delta x}{\Delta t} = \frac{dx}{dt}$
속도는 위치의 미분!!
영이 되랏!
시간
순간속력은 순간속도의 크기지.
순간속력=|순간속도|
순간속력은 순간속도의 크기와 항상 같나요?
그래, 그렇지만 평균속력은 평균속도의 크기와 항상 같지는 않았지.
가속도
물체의 속도가 변하면 가속도 운동이라고 해.
평균가속도 a_{avg}는 평균속도와 유사하게 다음과 같지.
$a_{avg} = \frac{\Delta v}{\Delta t} = \frac{v_2 - v_1}{t_2 - t_1}$
v_2는 나중 속도, v_1은 처음 속도
t_2는 나중 시간, t_1은 처음 시간
순간가속도(간단히 가속도)는 순간속도와 유사하게 다음과 같아.
$a = \frac{dv}{dt}$
가속도는 속도의 미분, 속도는 위치의 미분!!

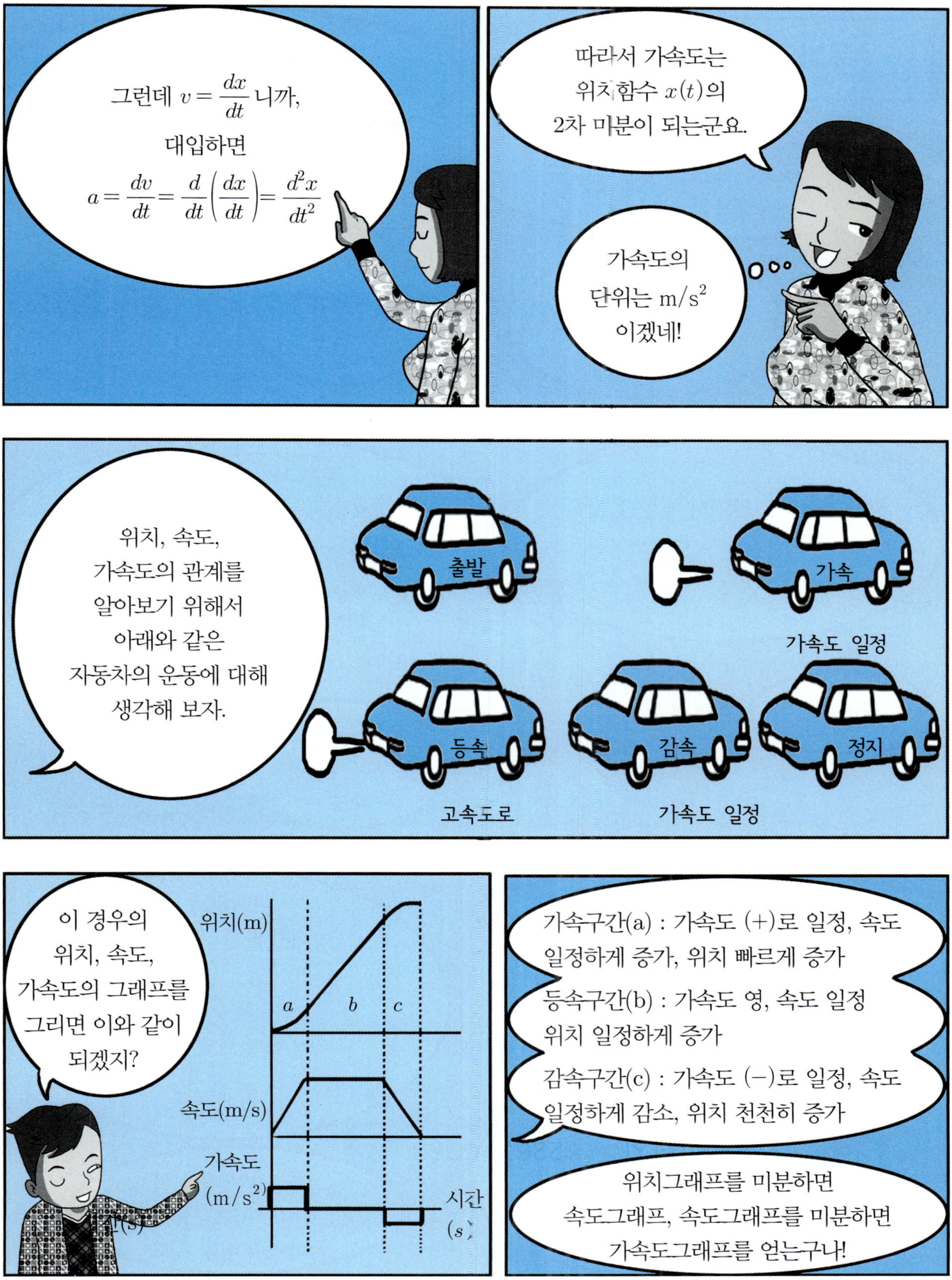
그런데 $v=\dfrac{dx}{dt}$ 니까,
대입하면
$a=\dfrac{dv}{dt}=\dfrac{d}{dt}\left(\dfrac{dx}{dt}\right)=\dfrac{d^2x}{dt^2}$
따라서 가속도는 위치함수 $x(t)$의 2차 미분이 되는군요.
가속도의 단위는 m/s^2 이겠네!
위치, 속도, 가속도의 관계를 알아보기 위해서 아래와 같은 자동차의 운동에 대해 생각해 보자.
출발
가속
가속도 일정
등속
감속
정지
고속도로
가속도 일정
이 경우의 위치, 속도, 가속도의 그래프를 그리면 이와 같이 되겠지?
위치(m)
a
b
c
속도(m/s)
가속도 (m/s^2)
시간 (s)
가속구간(a) : 가속도 (+)로 일정, 속도 일정하게 증가, 위치 빠르게 증가
등속구간(b) : 가속도 영, 속도 일정 위치 일정하게 증가
감속구간(c) : 가속도 (−)로 일정, 속도 일정하게 감소, 위치 천천히 증가
위치그래프를 미분하면 속도그래프, 속도그래프를 미분하면 가속도그래프를 얻는구나!

등가속도 운동
대부분의 운동은 가속도가 일정해. 가속도가 일정한 경우의 운동방정식을 구해보자.
운동방정식은 가속도가 일정한 경우에만 성립!
가속도가 일정할 때는 순간가속도 a와 평균가속도 a_{avg}가 같아.
매 순간의 가속도가 5 m/s^2 라면, 이것을 평균한 가속도도 5 m/s^{2}로 같겠군요.
$a_{avg} = a$
평균가속도는 앞에서 배운 것 같이 $a_{avg} = \frac{\Delta v}{\Delta t} = \frac{v_2 - v_1}{t_2 - t_1}$
이 식에서
처음 시간 $t_1 = 0$초, 나중 시간 t_2를 그냥 t라고 하고, 처음 속도 $v_1 = v_0$, 나중 속도 v_2를 그냥 v라고 하면, 앞의 식은
$a_{avg} = a = \frac{v - v_0}{t - 0}$
가 되지. v는 시간 t에서의 속도
이것을 속도 v에 대해서 정리하면
$v = v_0 + at \quad (1)$
이 식에 $t = 0$를 대입하면, $v = v_0$(처음 속도)가 구해지고,
미분하면 $dv/dt = a$가 되어, 가속도가 구해지는구나!
이번에는 앞에서 배운 평균속도 $v_{avg} = \frac{\Delta x}{\Delta t} = \frac{x_2 - x_1}{t_2 - t_1}$ 를 같은 방법으로 표기하면 $v_{avg} = \frac{x - x_0}{t - 0}$
x_0는 $t = 0$일 때의 위치, v_{avg}는 $t = 0$과 나중 시간 t 사이의 평균 속도

이 식을 x에 대하여 정리하면
$x = x_0 + v_{avg}t$ (*)
그런데,
평균속도는 시작점의 속도 v_0와
끝점의 속도 v의 평균값이니까
$v_{avg} = \frac{1}{2}(v_0 + v)$
이것을 v에
대해서 정리하면
$v = 2v_{avg} - v_0$
이 v를 (1)에 대입하면
$2v_{avg} - v_0 = v_0 + at$
$v_{avg} = v_0 + \frac{1}{2}at$
마지막으로 이 v_{avg}를 (*)식에 대입하면
$x = x_0 + \left(v_0 + \frac{1}{2}at\right)t$
$x = x_0 + v_0t + \frac{1}{2}at^2$ (2)
(2)식에
$t = 0$를 대입하면,
$x = x_0$(처음 위치)가
구해지고,
(2)식을 미분하면
(1)식이 구해지는구나!
(1)식과 (2)식이
등가속도 운동의 기본방정식이야!
외워!

(1)식과 (2)에서 t를 없애면
$v_2 = v_0^2 + 2a(x - x_0)$
a를 없애면
$x = x_0 + \frac{1}{2}(v_0 + vt)$
v_0를 없애면
$x = x_0 + vt - \frac{1}{2}at^2$
이 식들을 용도에 맞게 쓰면 돼.
앞에서 위치를 미분하면 속도가 되고, 속도를 미분하면 가속도가 얻어진다고 얘기했지?
역으로 가속도를 적분하면 속도가 얻어지고, 속도를 적분하면 위치가 얻어진단다.
미분과 적분은 서로 역이니까
가속도는 속도의 미분이니까 $a = dv/dt$ $dv = adt$ 양변을 적분하면 $\int dv = \int a\,dt$
등가속도 운동이니까, 가속도 a는 상수이므로 적분기호 밖으로 나와서
$\int dv = \int a\,dt$
$v = at + C$
미분과 적분은 서로 역이니까.
적분상수 C를 구하기 위하여 $t = 0$를 대입하면 $v(0) = a(0) + C = C$ 가 되는데, 이것은 초기속도 v_0이어야 하므로 $C = v_0$

이것을 앞의 식에 넣으면
$v = at + v_0$
앞에서 구한
등가속도 운동의
기본방정식 중 (1)
식이 얻어지는 구나!
또, 속도는
위치의 미분이니까
$v = dx/dt$
$dx = vdt$
양변을 적분하면
$\int dx = \int v\,dt$
우변의 v 대신에
$v = at + v_0$
를 넣으면
$\int dx = \int (v_0 + at)dt$
v_0와 a는 상수이므로
$\int dx = v_0 \int dt + a \int tdt$
$x = v_0 t + \frac{1}{2}at^2 + C'$
이 식의 적분상수 C'를
구하기 위하여 $t = 0$일 때의 위치는
x_0라는 것을 대입하면
$x(0) = v_0(0) + \frac{1}{2}a(0^2) + C = x_0$
따라서 $C' = x_0$
이것을 대입하면
$x = x_0 + v_0 t + \frac{1}{2}at^2$
앞에서 구한
등가속도 운동의 기본방정식 중
(2)식이 얻어지는군!!

자유낙하의 가속도
물체를 위 또는 아래로 던질 때 공기의 저항을 무시할 수 있다면 (진공), 물체는 일정하게 아래로 가속되지.
으아아아~!!
진공 상태에서 깃털과 사과를 떨어뜨리면 동시에 바닥에 떨어져.
이 가속도를 자유낙하 가속도라고 한다. 보통 g로 나타내는데 값은 9.8 m/s^2이지 g값은 위도나 고도에 따라 약간 달라.
자유낙하 운동에도 앞에서 구한 등가속도 운동의 기본방정식 (1)과 (2)식을 적용할 수 있어!
보통 자유낙하 운동의 방향은 y축으로 잡고 위쪽이 양의 방향이야.
$-g$
따라서 자유낙하 가속도는 항상 아래 방향이므로 (−)야. 즉, $-g$이지.

퀴즈 1 승용차가 직선도로를 95 km/h로 달리다가 12 km 지점에서 연료가 떨어져서 멈춰 섰다. 운전사가 53 분 동안 도로를 따라 걸어서 4.1 km 떨어진 주유소에 도착했다.

(a) 운전을 처음 시작했을 때부터 주유소에 도착했을 때까지의 변위를 구하라.

(b) 운전을 처음 시작했을 때부터 주유소에 도착했을 때까지 걸린 시간 Δt를 구하라.

(c) 운전을 처음 시작했을 때부터 주유소에 도착했을 때까지의 평균속도를 구하라.

(d) 운전사가 연료를 얻어서 다시 승용차가 있는 곳으로 66 분간 걸어왔다. 처음부터 승용차로 되돌아올 때까지의 평균속력을 구하라.

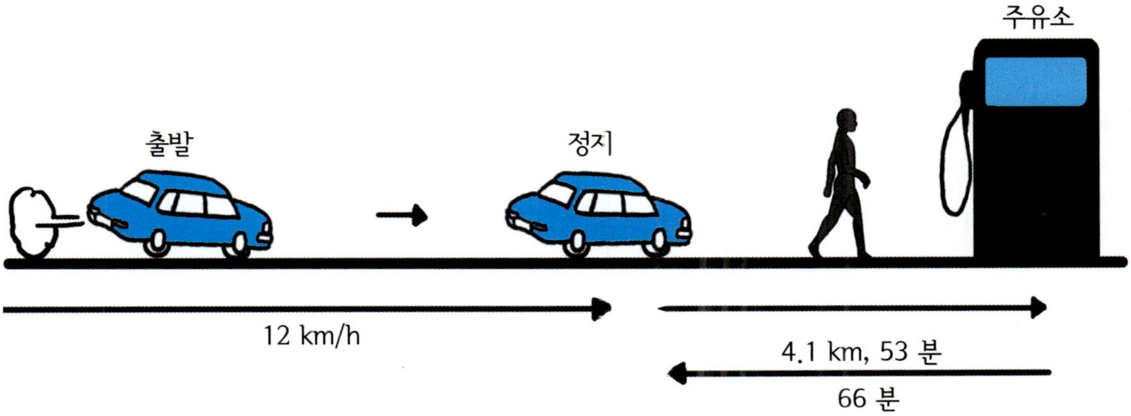

답 (a) 변위 Δx는 x_2(나중위치)$-x_1$(처음위치)

이 경우 $x_2 = 12\text{ km} + 4.1\text{ km} = 16.1\text{ km} \approx 16\text{ km}$, $x_1 = 0.0\text{ km}$.

따라서 $\Delta x = 16\text{ km} - 0\text{ km} = 16\text{ km}$

(b) 걸어간 시간은 $53\text{ min}/(60\text{ min/h}) = \dfrac{53}{60}\text{ h} \approx 0.88\text{ h}$로 이미 알고 있으니까, 운전한 시간을 구해서 더하면 된다.

유효 숫자 맞추기

운전한 시간은 $16\text{ km}/(95\text{ km/h}) \approx 0.16\text{ h}$

따라서 $\Delta t = 0.88\text{ h} + 0.16\text{ h} = 1.05\text{ h} \approx 1.0\text{ h}$

(c) 평균속도 $v_{vg} = \Delta x/\Delta t = 16\text{ km}/1.0\text{ h} = 16\text{ km/h}$

(d) 평균속력은 이동한 전체 거리 나누기 걸린 전체시간이다.

전체거리 $12\text{ km} + 4.1\text{ km} + 4.1\text{ km} = 20.2\text{ km} \approx 20\text{ km}$

전체시간 $0.16\text{ h} + 0.88\text{ h} + (66/60)\text{ h} = 2.14\text{ h} \approx 2.1\text{ h}$

따라서 평균속력 $20\text{ km}/2.1\text{ h} \approx 9.5\text{ km/h}$

퀴즈 2

x축을 따라 움직이는 물체의 위치가 $x=2t^2-5t+3$으로 변한다. 단, x의 단위는 m, t의 단위는 s(초)이다.

(a) $t=2\ s$에서의 순간속도와 순간속력을 구하라.

(b) 속도가 영이 되는 순간의 시간을 구하라.

(c) $t=3\ s$에서의 순간가속도를 구하라.

답

(a) (순간)속도 v는 위치 x의 미분이다. 따라서 $x=2t^2-5t+3$를 미분하면,

$dx/dt=v=4t-5$, $t=2\ s$에서의 속도는 이 식에 $t=2$를 대립하여

$v=4(2)-5=3\ \mathrm{m/s}$. 방향은 x축의 양의 방향 (양의 값이므로)

(순간)속력은 순간속도의 절댓값(크기)이므로 $3\ \mathrm{m/s}$, 속력은 스칼라양이므로 방향이 없음.

(b) 속도 v가 영이 되는 순간은 $v=4t-5=0$이라고 놓고 t를 구하면 된다.

따라서 $t=5/4\ s$일 때이다.

(c) 가속도는 속도의 미분이므로 $dv/dt=a=4$.

따라서 가속도는 $4\ \mathrm{m/s^2}$으로 일정한 등가속도 운동이므로 $t=3\ s$일 때의 가속도도 $4\ \mathrm{m/s^2}$이다.

퀴즈 3 야구공을 초기속력 5 m/s로 연직 상향 방향으로 던져 올렸다.

(a) 최고 높이까지 올라가는 데 걸린 시간을 구하라.

(b) 최고 높이를 구하라.

답 자유낙하 문제로 야구공에 작용하는 가속도 a는 중력가속도 $-g$로 일정하므로 등가속도 운동이다. 따라서 등가속도 운동의 기본방정식

$v=v_0+at$와 $x=x_0+v_0t+(1/2)at^2$을 사용할 수 있다.

(a) 한편, 최고 높이에서의 속도는 영이다. 그러므로 $v=v_0+at=0$이라고 놓고 t를 구하면 된다. 이 식에 $v_0=5\ \mathrm{m/s}$, $\mathrm{a}=-\mathrm{g}=-9.8\ \mathrm{m/s^2}$을 대입하면

$5-9.8\,t=0$, $t=5/9.8\approx 0.5\ s$이다.

(b) x_0를 영으로 놓고, 이 t를 두 번째 식에 대입하면

$x=0+5(0.5)+(0.5)(-9.8)(0.5)^2=3.7\ \mathrm{m}\approx 4\ \mathrm{m}$

고전역학

일반물리학

4. 벡터

크기와 방향 모두 필요한 물리량은
벡터로 표시한다는 것은 알고 있지?
내비게이션
네! 벡터는
과학기술분야 뿐만 아니라
일상생활에서도 많이
사용하지요.
직선을 따라서 움직이는 물체는
두 방향으로만 움직이니까 (+), (−) 방향으로
나타내는 것으로 충분하나,
1차원
3차원 공간에서 움직이는 물체는
벡터를 사용해야 해.
3차원
크기와 방향
모두 가지는 물리량을
벡터량이라고 한단다.
벡터량으로는
변위, 속도, 가속도
등이 있었죠.
방향성이 없는
온도, 압력, 에너지, 시간
등은 스칼라양

가장 간단한 벡터량으로는 위치의 변화를 나타내는 변위벡터가 있지.
A에서 B로 위치가 변화했다면 A에서 B르의 변위라고 하며, 화살표로 나타내.
B
A
아래 3개의 변위벡터는 크기와 방향이 같으므로 모두 동일한 변위벡터야.
크기와 방향이 변하지 않으면 어디에 있던지 동일한 벡터!
변위 벡터는 실제 이동경로를 나타내지는 않아.
B
A
이동 경로가 다르더라도 처음 위치와 나중 위치가 같으면 동일한 변위벡터로 나타낼 수 있군요.
그렇지. 따라서 변위 벡터는 움직임 자체를 나타내는 것이 아니라 움직임의 효과만을 나타내지.

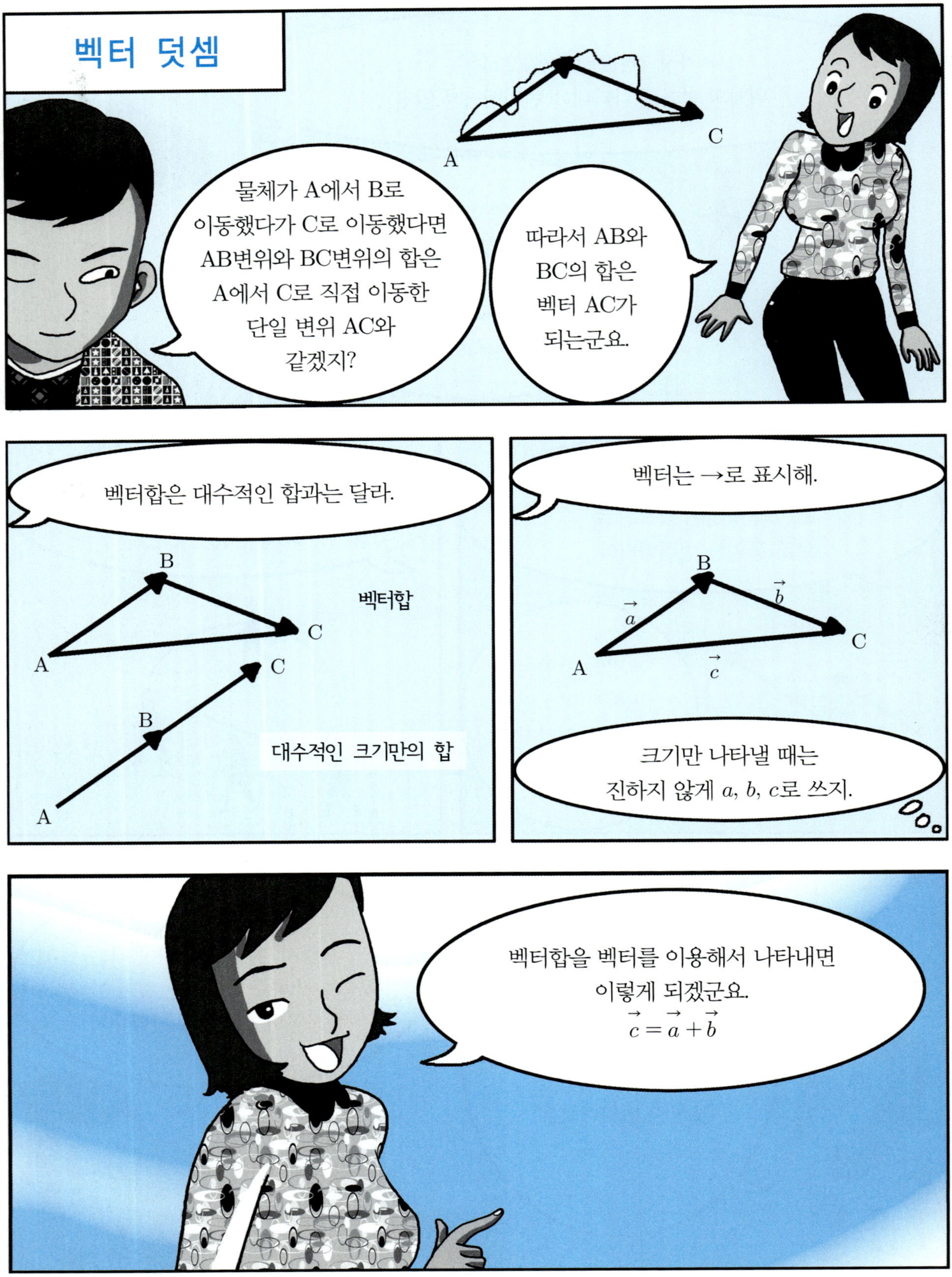
벡터 덧셈
A
C
물체가 A에서 B로 이동했다가 C로 이동했다면 AB변위와 BC변위의 합은 A에서 C로 직접 이동한 단일 변위 AC와 같겠지?
따라서 AB와 BC의 합은 벡터 AC가 되는군요.
벡터합은 대수적인 합과는 달라.
B
벡터합
A
C
C
B
대수적인 크기만의 합
A
벡터는 →로 표시해.
B
$\vec{a}$
$\vec{b}$
A
C
$\vec{c}$
크기만 나타낼 때는 진하지 않게 a, b, c로 쓰지.
벡터합을 벡터를 이용해서 나타내면 이렇게 되겠군요.
$\vec{c} = \vec{a} + \vec{b}$

벡터합은 다음과 같이 작도할 수 있어.
$\vec{a}$
$\vec{b}$
$\vec{a}+\vec{b}$
$\vec{b}$
$\vec{a}$
평행사변형의
대각선이 벡터합
평행이동
평행이동
벡터 덧셈의 특징은 덧셈 순서와 무관해.
$\vec{a}+\vec{b}=\vec{b}+\vec{a}$ (교환법칙)
2개 이상의 벡터들에 대해서도
어떤 순서로 더하든지 결과는 같아.
$(\vec{a}+\vec{b})+\vec{c}=\vec{a}+(\vec{b}+\vec{a})$ (결합법칙)
벡터 $-\vec{a}$는 벡터 $\vec{a}$와 크기는 같고
방향은 반대인 벡터지.
그러면 $\vec{a}$를 뺀다는 것은
$-\vec{a}$를 더하는 것과 같겠군요.
뺄셈도 덧셈이 되네!
뺄셈을 그려보면
$\vec{a}$
$-\vec{b}$
$\vec{b}$
$-\vec{b}$
$\vec{a}-\vec{b}$
$\vec{a}$
$\vec{b}$의 방향 바꿔서 덧셈.

벡터의 성분
y
a_y
$\vec{a}$
θ
x
a_x
깔끔하게 벡터를 더하는 방법은 벡터의 성분을 이용하는 거야.
xy좌표축을 잡고, 벡터를 원점으로 평행이동시킨 후, x축과 y축에 각각 수선의 발을 내리면 각각 x성분(a_x)와 y성분(a_y)가 되지.
이것을 벡터의 분해라고 해.
x축과 이루는 각을 θ라고 하면 $a_x = a\cos\theta$, $a_y = a\sin\theta$ 가 되는군요.
또, $a = \sqrt{a_x^2 + a_y^2}$, $\tan\theta = \frac{a_y}{a_x}$ 가 되기도 하네요.
a는 $\vec{a}$의 크기
물론 3차원 벡터는 3개의 성분을 갖지.
y
$\vec{a}$
a_y
a_x
x
a_z
z

단위 벡터
단위 벡터는 크기가 1인 특정한 방향을 갖는 벡터인데, 방향을 나타내기 위해서 사용하지.

직각좌표계에서 x, y, z축의 양의 방향을 향하는 단위 벡터는 $\hat{i}$, $\hat{j}$, $\hat{k}$로 나타내.
y
$\hat{j}$
$\hat{i}$
x
$\hat{k}$
z

위의 3차원 벡터를 단위 벡터를 사용해서 나타내면
$a = a_x\hat{i} + a_y\hat{j} + a_z\hat{k}$
$a_x\hat{i}$, $a_y\hat{j}$, $a_z\hat{k}$는 벡터로서 벡터 $\vec{a}$의 벡터성분이고, a_x, a_y, a_z는 스칼라로서 스칼라 성분(또는 성분)이라고 해.

벡터성분을 이용한 벡터덧셈
x, y, z축의 성분을 각각 더하면 돼.
빼셈도 x, y, z축의 성분을 각각 빼면 되겠군요.
예를 들어 $\vec{a}+\vec{b}=\vec{c}$이고, $\vec{a}=a_x\hat{i}+a_y\hat{j}+a_z\hat{k}$, $\vec{b}=b_x\hat{i}+b_y\hat{j}+b_z\hat{k}$ 이라면 $\vec{c}=(a_x+b_x)\hat{i}+(a_y+b_y)\hat{j}+(a_z+b_z)\hat{k}$ 가 되지.
뺄셈은 제가 해볼게요. $\vec{a}-\vec{b}=\vec{c}$라면 $\vec{c}=(a_x-b_x)\hat{i}+(a_y-b_y)\hat{j}+(a_z-b_z)\hat{k}$
호.. 호.. 호
간단하네요!

벡터 곱셈
벡터에 스칼라 s를 곱하면 크기만 s만큼 커지고 방향은 같은 방향이 돼.
물론 $-s$를 곱하면 크기는 s만큼 커지지만 방향은 반대가 되지.
벡터에 벡터 곱하기
벡터에 벡터를 곱하는 방법에는 2가지 있어.
1. 곱한 결과가 스칼라인 스칼라곱
2. 곱한 결과가 벡터인 벡터곱
스칼라곱(벡터의 내적)
벡터 $\vec{a}$와 $\vec{b}$의 스칼라곱은 $\vec{a} \cdot \vec{b}$로 표기하고 "a 도트 b"로 읽어
$\vec{a} \cdot \vec{b} = ab\cos\phi$로 정의한단다. (결과는 스칼라)
ϕ는 두 벡터 사이 각

스칼라곱은 사이 각이 0°이면 $\vec{a}\cdot\vec{b}=ab\cos\theta°=ab$로 최대가 되고, 사이 각이 90°이면 $\vec{a}\cdot\vec{b}=ab\cos 90°=0$로 최소가 되지.
$\cos 0°=1$
$\cos 90°=0$
스칼라곱을 성분으로 계산하면 x, y, z축의 각 성분을 곱해서 더하면 돼.
$\vec{a}\cdot\vec{b}=(a_x\hat{i}+a_y\hat{j}+a_z\hat{k})\cdot(b_x\hat{i}+b_y\hat{j}+b_z\hat{k})=a_xb_x+a_yb_y+a_zb_z$
그렇게 되는지 실제로 전개해서 계산해 보면
$\vec{a}\cdot\vec{b}=a_xb_x\hat{i}\cdot\hat{i}+a_xb_y\hat{i}\cdot\hat{j}+a_xb_z\hat{i}\cdot\hat{k}+a_yb_x\hat{j}\cdot\hat{i}+a_yb_y\hat{j}\cdot\hat{j}+a_yb_z\hat{j}\cdot\hat{k}+a_zb_x\hat{k}\cdot\hat{i}+a_zb_y\hat{k}\cdot\hat{j}+a_zb_z\hat{k}\cdot\hat{k}$
여기서 $\hat{i}\cdot\hat{i}$, $\hat{j}\cdot\hat{j}$, $\hat{k}\cdot\hat{k}$는 1
$\hat{i}\cdot\hat{j}$, $\hat{i}\cdot\hat{k}$, $\hat{j}\cdot\hat{i}$, $\hat{j}\cdot\hat{k}$, $\hat{k}\cdot\hat{i}$, $\hat{k}\cdot\hat{j}$는 0

왜냐하면
$\hat{i} \cdot \hat{i} = ii\cos\phi = (1)(1)\cos 0° = 1$
$\hat{i}$가 단위벡터니까 크기는 1,
$\hat{i}$와 $\hat{i}$는 같은 벡터니까
방향이 같아서 사이 각은 0°
마찬가지로
$\hat{j} \cdot \hat{j} = jj\cos\phi = (1)(1)\cos 0° = 1$
$\hat{k} \cdot \hat{k} = kk\cos\phi = (1)(1)\cos 0° = 1$
또
$\hat{i} \cdot \hat{j} = ij\cos\phi$
$= (1)(1)\cos 90° = 1$
$\hat{i} \cdot \hat{j}$ 벡터의 사이 각은 90°
마찬가지로
$\hat{i} \cdot \hat{k}$, $\hat{j} \cdot \hat{i}$,
$\hat{j} \cdot \hat{k}$, $\hat{k} \cdot \hat{i}$, $\hat{k} \cdot \hat{j}$는 0
단위벡터의 스칼라곱은
같은 벡터끼리는 1,
다른 벡터끼리는 0이 되는구나.
이 값들을
위 식에 대입하면
$\vec{a} \cdot \vec{b} = a_x b_x + a_y b_y + a_z b_z$
가 되는군요.
따라서
스칼라곱은 교환법칙이 성립하지.
$\vec{a} \cdot \vec{b} = \vec{b} \cdot \vec{a}$

벡터곱(벡터의 외적)
벡터 $\vec{a}$와 $\vec{b}$의 벡터곱은 $\vec{a}\times\vec{b}$로 표기하고, 그 결과는 제3의 벡터가 되지. 벡터곱이 크기는 $|\vec{a}\times\vec{b}|$로 나타내고, $|\vec{a}\times\vec{b}| = ab\sin\phi$
ϕ는 사이 각 중 작은 값이야. 이유는 $\sin\phi$와 $\sin(360° - \phi)$는 부호가 다르기 때문이지.
$\vec{a}\times\vec{b}$는 "a 크로스 b"로 읽어
벡터곱의 크기는 사이 각이 0°이면 $|\vec{a}\times\vec{b}| = ab\sin 0° = 0$ 로 최소가 되고 사이 각이 90°이면 $|\vec{a}\times\vec{b}| = ab\sin 90° = ab$ 로 최대가 되지.
스칼라곱 $\vec{a}\cdot\vec{b}$와는 반대구나.
$\vec{a}\times\vec{b} = \vec{c}$일 때 벡터 $\vec{c}$의 방향은, 우선 벡터 a, b가 이루는 평면에 수직이고, 오른손 네 손가락으로 a, b 사이의 작은 각을 감쌀 때 엄지가 가리키는 방향이야.
c
a
b

곱하는 순서가 바뀌면 방향이 반대가 돼.
$\vec{b}\times\vec{a}$이면 $\vec{b}$부터 감싸야 하니까 결과는 $-\vec{c}$가 되는군요.
a
b
− c
따라서 벡터곱은 교환법칙이 성립하지 않아.
$\vec{b}\times\vec{a}=-(\vec{a}\times\vec{b})$
벡터곱을 단위벡터를 이용해서 나타내면
$\vec{a}\times\vec{b}=(a_x\hat{i}+a_y\hat{j}+a_z\hat{k})\times(b_x\hat{i}+b_y\hat{j}+b_z\hat{k})$
이것을 전개해서 계산해 보면
$\vec{a}\times\vec{b}=a_xb_x\hat{i}\times\hat{i}+a_xb_y\hat{i}\times\hat{j}+a_xb_z\hat{i}\times\hat{k}+a_yb_x\hat{j}\times\hat{i}+a_yb_y\hat{j}\times\hat{j}+a_yb_z\hat{j}\times\hat{k}+a_zb_x\hat{k}\times\hat{i}+a_zb_y\hat{k}\times\hat{j}+a_zb_z\hat{k}\times\hat{k}$
여기서 $\hat{i}\times\hat{i}$, $\hat{j}\times\hat{j}$, $\hat{k}\times\hat{k}$는 0

왜냐하면
$|\hat{i}\times\hat{i}|=ii\sin\phi=(1)(1)\sin0°=0$
$\hat{i}$가 단위벡터니까 크기는 1,
$\hat{i}$와 $\hat{i}$는 같은 벡터니까
방향이 같아서 사이 각은 0°
마찬가지로
$|\hat{j}\times\hat{j}|=jj\sin\phi=(1)(1)\sin0°=0$
$|\hat{k}\times\hat{k}|=kk\sin\phi=(1)(1)\sin0°=0$
한편
$|\hat{i}\times\hat{j}|=ij\cos\phi=(1)(1)\sin90°=1$
$\hat{i}$, $\hat{j}$ 벡터의 사이 각은 90°
$\hat{i}\times\hat{j}$의 방향은
$\hat{i}$와 $\hat{j}$에 수직인 $\hat{k}$방향
따라서
$\hat{i}\times\hat{j}=\hat{k}$
y
$\hat{j}$
$\hat{i}$
x
$\hat{k}$
z
유사하게
$\hat{j}\times\hat{i}=-\hat{k}$,
$\hat{j}\times\hat{k}=\hat{i}$, $\hat{k}\times\hat{j}=-\hat{i}$,
$\hat{k}\times\hat{i}=\hat{j}$, $\hat{i}\times\hat{k}=-\hat{j}$
가 되는군요.
이것들을 대입하면
$\vec{a}\times\vec{b}=(a_xb_z-b_ya_z)\hat{i}$
$+(a_zb_x-b_za_x)\hat{j}$
$+(a_zb_y-b_xa_y)\hat{k}$
가 되는 거야.

퀴즈 1 개미가 집을 나와서 동북쪽 즉 45° 방향으로 5.1 m를 가서 첫 번째 먹이를 발견하고, 다시 서북쪽 즉 30° 방향으로 3.2 m를 가서 두 번째 먹이를 발견했다. 개미집을 원점으로 잡고 동쪽을 x축, 북쪽을 y축으로 잡고 다음을 구하라.

(a) 개미집으로부터 첫 번째 먹이 지점까지의 변위벡터를 성분으로 나타내라.

(b) 첫 번째 먹이지점으로부터 두 번째 먹이 지점까지의 변위벡터를 성분으로 나타내라.

(c) 개미의 현 위치를 표시하는 위치벡터를 성분으로 나타내라.

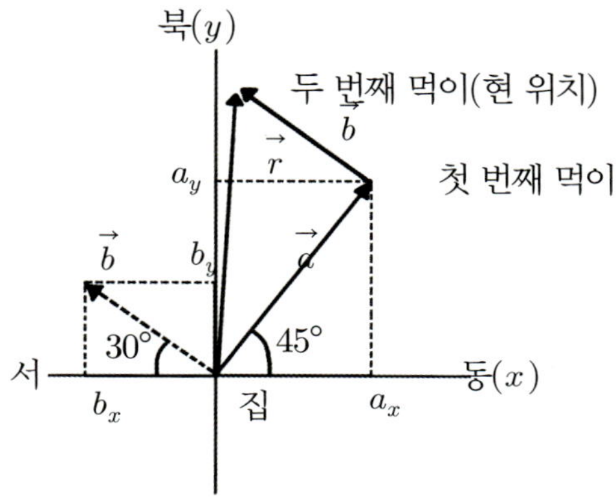

답 (a) 개미집으로부터 첫 번째 먹이 지점까지의 변위 벡터를 $\vec{a}$라고 하면,

$$a_x = a\cos 45° = 5.1(0.71) = 3.6 \text{ m}$$

$$a_y = a\sin 45° = 5.1(0.71) = 3.6 \text{ m}$$

(b) 첫 번째 먹이 지점으로부터 두 번째 먹이 지점까지의 변위 벡터를 $\vec{b}$라고 하고, $\vec{b}$를 원점으로 이동(점선 화살표)하여 생각하면

$$b_x = b\cos 30° = 3.2(0.87) = 2.8 \text{ m}$$

$$b_y = b\sin 30° = 3.2(0.50) = 1.6 \text{ m}$$

(c) 위치벡터를 $\vec{r}$이라고 하며

$$\vec{r} = \vec{a} + \vec{b}$$

벡터의 합은 각 성분의 합이므로

$$r_x = a_x + b_x = 3.6 \text{ m} + 2.8 \text{ m} = 6.4 \text{ m}$$

$$r_y = a_y + b_y = 3.6 \text{ m} + 1.6 \text{ m} = 5.2 \text{ m}$$

퀴즈 2 벡터 $\vec{a}\cdot\vec{b}$의 크기가 각각 5와 8이고 사이 각이 60°일 때

(a) 두 벡터의 스칼라곱 $\vec{a}\cdot\vec{b}$를 구하라.

(b) 두 벡터의 벡터곱의 크기 $|\vec{a}\times\vec{b}|$를 구하라.

답 (a) $\vec{a}\cdot\vec{b}=ab\cos\phi=(5)(8)\cos60°=20$

(b) $|\vec{a}\times\vec{b}|=ab\sin\phi=(5)(8)\sin60°=34$

퀴즈 3 $\vec{a}=2\hat{i}-3\hat{j}+2\hat{k}$, $\vec{b}=5\hat{i}+2\hat{j}-\hat{k}$일 때

(a) $3\vec{a}\cdot\vec{b}$를 구하라.

(b) $\vec{a}\times\vec{b}$를 구하라.

답

$$\begin{aligned}\text{(a) } 3\vec{a}\cdot\vec{b}&=3(a_x\hat{i}+a_y+\hat{j}+a_z\hat{k})\cdot(b_x\hat{i}+b_y+\hat{j}+b_z\hat{k})\\&=3(a_xb_x+a_yb_y+a_zb_z)\\&=3\{(2)(5)+(-3)(2)+(2)(-1)\}=6\end{aligned}$$

$$\begin{aligned}\text{(b) } \vec{a}\times\vec{b}&=(a_yb_z-b_ya_z)\hat{i}+(a_zb_x-b_za_x)\hat{j}+(a_xb_y-b_xa_y)\hat{k}\\&=\{(-3)(-1)-(2)(2)\}\hat{i}+\{(2)(5)-(-1)(2)\}\hat{j}\\&\quad+\{(2)(2)-(5)(-3)\}\hat{k}\\&=\hat{i}+12\hat{j}+19\hat{k}\end{aligned}$$

$\vec{a}\times\vec{b}$는 행렬식으로 계산할 수도 있어요.

$$\vec{a}\times\vec{b}=\begin{vmatrix}\hat{i} & \hat{j} & \hat{k}\\ a_x & a_y & a_z\\ b_x & b_y & b_z\end{vmatrix}$$

$$=(a_yb_z-b_ya_z)\hat{i}+(a_zb_x-b_za_x)\hat{j}+(a_xb_y-b_xa_y)\hat{k}$$

5. 2차원, 3차원 운동

앞에서 1차원 직선운동에 대해서 배웠는데,
이번에는 2차원 및 3차원 운동에 대해서 생각해 보자.

위치벡터와 변위벡터
2차원 및 3차원 운동에서는
물체의 위치를 위치벡터로
나타내는 것이 편리해.

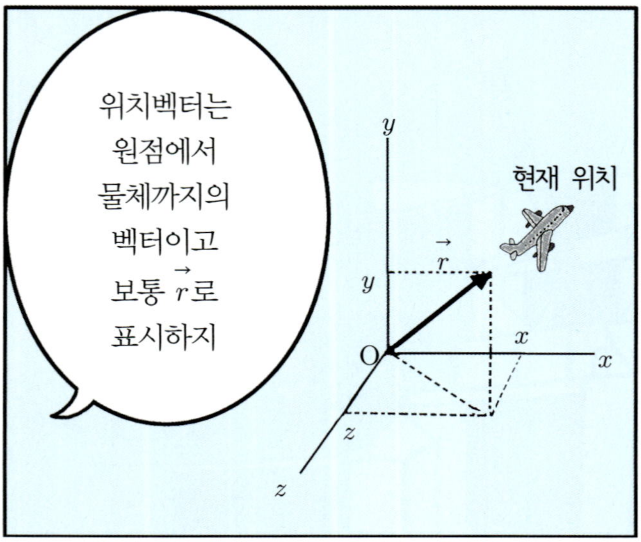
위치벡터는
원점에서
물체까지의
벡터이고
보통 $\vec{r}$로
표시하지
현재 위치
$\vec{r}$
y
y
x
x
O
z
z

현재 위치의
x, y, z 좌표가
각각 x, y, z라면
위치벡터는
$\vec{r} = x\hat{i} + y\hat{j} + z\hat{k}$

만약 물체의
위치가 $\vec{r}_1$
위치에서 $\vec{r}_2$
위치로
움직였고,
y
$\vec{r}_1$
Δr
$\vec{r}_2$
O
x
z

$\vec{r}_1$의 좌표가 $x_1,\ y_1,\ z_1$이고
$\vec{r}_2$의 좌표가 $x_2,\ y_2,\ z_2$라면,
변위벡터 $\Delta\vec{r}$은
$\Delta\vec{r}=\vec{r}_2-\vec{r}_1$
$=(x_2\hat{i}+y_2\hat{j}+z_2\hat{k})$
$-(x_1\hat{i}+y_1\hat{j}+z_1\hat{k})$
$=(x_2-x_1)\hat{i}+(y_2-y_1)\hat{j}+(z_2-z_1)\hat{k}$

또 $(x_2-x_1)=\Delta x,$
$(y_2-y_1)=\Delta y,\ z_2-z_1=\Delta z$
로 표기하면
$\Delta\vec{r}=\Delta x\hat{i}+\Delta y\hat{j}-\Delta z\hat{k}$ (*)

평균속도벡터와 순간속도벡터
물체가 시간 간격 Δt 동안 변위벡터 $\Delta\vec{r}$만큼 이동한다면 평균속도 $\vec{v}_{avg}$는 앞에서 배운 것 같이
$\vec{v}_{avg} = \frac{\Delta\vec{r}}{\Delta t}$
앞의 (*)식을 이 식에 대입하면
$\vec{v}_{avg} = \frac{\Delta x\hat{i} + \Delta y\hat{j} + \Delta z\hat{k}}{\Delta t} = \frac{\Delta x}{\Delta t}\hat{i} + \frac{\Delta y}{\Delta t}\hat{j} + \frac{\Delta z}{\Delta t}\hat{k}$
벡터 성분
보통 속도라고 하면 어떤 순간에서의 순간속도를 의미하지. 순간속도 $\vec{v}$는 앞에서 배운 것 같아.
$\vec{v} = \frac{d\vec{r}}{dt}$
속도는 위치의 미분!
위치벡터가 $\vec{r} = x\hat{i} + y\hat{j} + z\hat{k}$ 이므로 이것을 이 식에 대입하면
$\vec{v} = \frac{d}{dt}(x\hat{i} + y\hat{j} + z\hat{k}) = \frac{dx}{dt}\hat{i} + \frac{dy}{dt}\hat{j} + \frac{dz}{\Delta t}\hat{k} = v_x\hat{i} + v_y\hat{j} + v_z\hat{k}$
따라서
$v_x = \frac{dx}{dt},\ v_y = \frac{dy}{dt},\ v_z = \frac{dz}{dt}$
이므로, 결국 속도벡터 $\vec{v}$의 성분은 위치벡터 $\vec{r}$의 성분을 미분해서 얻을 수 있지.

평균가속도벡터와 순간가속도벡터
물체의 속도가 시간 간격 Δt동안의 $\vec{v}_1$에서 $\vec{v}_2$도 변할 때, Δt 동안의 물체의 평균가속도 $\vec{a}_{avg}$는, 앞에서 배운 것 같이
$\vec{a}_{avg} = \frac{\vec{v}_2 - \vec{v}_1}{\Delta t} = \frac{\Delta v}{\Delta t}$
또, Δt를 영으로 접근시킨 순간 가속도 $\vec{\alpha}$
$\vec{a} = \frac{d\vec{v}}{dt}$
가속도는 속도의 미분!
이 식에 $\vec{v} = v_z\hat{i} + v_y\hat{j} + v_z\hat{k}$을 대입하면
$\vec{a} = \frac{d}{dt}(v_x\hat{i} + v_y\hat{j} + v_z\hat{k}) = \frac{dv_x}{dt}\hat{i} + \frac{dv_y}{dt}\hat{j} + \frac{dv_z}{\Delta t}\hat{k} = a_x\hat{i} + a_y\hat{j} + a_z\hat{k}$
따라서
$a_x = \frac{dv_x}{dt},\ a_y = \frac{dv_y}{dt},\ a_z = \frac{dv_z}{dt}$
이므로, 결국 가속도 벡터 $\vec{a}$의 성분은 속도벡터 $\vec{v}$의 성분을 미분해서 얻을 수 있군요.

발사체 운동
문체가 조기 속도 $\vec{v}_0$로 2차원 수직평면에서 운동을 하면, 이 물체에는 항상 자유낙하 가속도 $\vec{g}$가 아래 방향으로 작용하게 되지. 이러한 운동을 발사체 운동이라고 해.
날아가는 야구공, 골프공 등은 발사체 운동을 하겠군요.
그렇지. 그러나 날아가는 새, 비행기 등은 추진력이 있으니까 발사체 운동은 아니지.
우선 공기저항은 무시하고, 초기속도 $\vec{v}_0$로 발사된 발사체를 생각해 보자.
y
$\vec{v}_0$
v_{0y}
θ_0
x
v_{0x}
$\vec{v}_0$를 단위벡터를 이용하여 분해하면,
$\vec{v}_0 = v_{0x}\hat{i} + v_{0y}\hat{j}$
$\vec{v}_0$와 x축 사이의 각도가 θ_0라면,
$v_{0x} = v_0 \cos\theta_0$, $v_{0y} = v_0 \sin\theta_0$

발사체가 2차원 운동을 하는 동안에
위치벡터 $\vec{r}$과 속도벡터 $\vec{v}$는 계속 변하지만,
가속도벡터 $\vec{a}$는 일정하며
아래 방향을 향한다는 것에 주의해야 돼.
$\vec{a}=\vec{g}$
가속도벡터의 수평성분은 없겠군요.
따라서, 발사체의 2차원 운동은
가속도가 영인 1차원 수평운동과
가속도가 일정한 1차원 수직운동으로
분해할 수 있지.
가속도가 일정한 ($\vec{g}$) 1차원 수직운동
y
가속도가 영인 1차원 수평운동
x
절벽 위에서
똑같은 유리구슬을 동시에
수평방향으로 튕겨서
떨어뜨려보자.
나는 약하게
나는 세게
어느 것이 먼저 땅에 떨어지겠니?
동시에 떨어진단다.
수평운동은 달라도 수직운동은 같기 때문이야.

발사체 운동은 등가속도 운동의 일종이므로 앞에서 배운 등가속도 운동의 기본방정식인 (1)식과 (2)식을 사용할 수 있어.
$v = v_0 + at$ (1)
$x = x_0 + v_0 t + \frac{1}{2}at^2$ (2)
수평방향은 가속도가 영인 등가속도(등속) 운동이고, 수직방향은 가속도가 $-g$인 등가속도 운동이군요.
수평 / 수직 방향 모두 1차원 운동이라고 생각할 수 있으므로 속도, 가속도를 벡터로 표시하지 않고 (+), (−) 방향만 고려해보자.
수평방향을 먼저 생각해 보면, 가속도 $a = 0$이고, 수평방향의 속도 v_x는 초기 속도, v_0의 수평성분은 v_{0x}가 되겠지?
이것을 앞의 식에 대입하면
$v_x = v_{0x} + (0)t = v_{0x}$
$x = x_0 + v_{0x}t + (1/2)(0)t^2$
$= x_0 + v_{0x}t$

그런데, 앞에서
$v_{0x}=v_0\cos\theta_0$
이므로, 대입하면
$v_x=v_0\cos\theta_0$
$x=x_0+(v_0\cos\theta_0)t$
수직방향은 가속도 $a=-g$이고,
수직방향의 속도 v_y는
초기 속도 v_0의 수직성분 v_{0y}가 되고,
수직방향을 y로 잡았으니까
x를 y로 바꾸면
$v_y=v_{0y}+(-g)t$
$y=y_0-v_{0y}t+(1/2)(-g)t^2$
여기서, 앞에서
$v_{0x}=v_0\sin\theta_0$
이므로, 대입하면
$v_y=(v_0\sin\theta_0)-gt$
$y=y_0+(v_0\sin\theta_0)t-(1/2)gt^2$

경로방정식
$x = x_0 + (v_0 \cos\theta_0)t$을 시간 t에 대해서 정리하면 $t = (x - x_0)/(v_0 \cos\theta_0)$ 초기 x위치를 영으로 잡으면 $x_0 = 0$, 대입하여 $t = x/(v_0 \cos\theta_0)$
이 t를
$y = y_0 + (v_0 \sin\theta_0)t - (1/2)gt^2$
에 대입하면
$y = (v_0 \sin\theta_0)\{x/(v_0 \cos\theta_0)\} - (1/2)g\{x/(v_0 \cos\theta_0)\}^2$
단, 초기 y위치도 영으로 잡았음$(y_0 = 0)$
정리하면
$y = (\tan\theta_0)x - gx^2/2(v_0 \cos\theta_0)^2$
이 식을 경로(궤적)방정식 이라고 해.
여기서, θ_0, g, v_0는 상수니까, $y = ax + bx^2$의 형태가 되어서 경로(궤적)은 포물선이 되는구나.
포물선!

수평 도달 거리
좌표축을 아래와 같이 잡고, 수평 도달 거리 R을 구해보자.
y
θ0
x
(x0, y0)
R
초기 위치를 원점으로 잡으면 x0 = 0, y0 = 0가 되지? 수평 도달 거리 R은 x위치가 R일 때이니까 x = R이 되고, 이때 y위치는 영이므로 y = 0
이 조건들을 앞의 식
x = x0 + (v0 cos θ0 t)
y = y0 + (v0 sin θ0)t − (1/2)gt²
에 대입하면
x = 0 + (v0 cos θ0 t) = R
y = 0 + (v0 sin θ0)t − (1/2)gt² = 0
첫 번째 식에서
t = R/(v0 cos θ0)

이 t를 두 번째 식에 대입하면
$(v_0 \sin\theta_0)R/(v_0 \cos\theta_0)$
$-(1/2)g/R(v_0 \cos\theta_0)^2 = 0$
$(v_0 \sin\theta_0)R/(v_0 \cos\theta_0)$
$=(g/R^2)/2(v_0 \cos\theta_0)^2$
$R = 2v_0^2 \sin\theta_0 \cos\theta_0/g$
그런데
$2\sin\theta_0 \cos\theta_0 = \sin 2\theta_0$
이므로
$R = v_0^2 \sin 2\theta_0/g$
가 된단다.
이 R은 $\sin 2\theta_0 = 1$일 때 최대가 되므로, $2\theta_0 = 90°$ 즉, $2\theta_0 = 45°$인 경우에 최대수평거리를 얻게 되는 거야.
그러니까 발사각이 45°일 때 멀리 날아가는군요.
떨어진 위치
발사한 위치
주의할 점은 발사한 위치의 높이와 떨어진 위치의 높이가 다르면 발사각도가 45°이어도 최대수평거리가 되지 않는다는 거야.
예를 들면 농구의 자유투

등속 원운동
물체가 원둘레를 일정한 속력으로 움직이면 등속 원운동이라고 하지.
이때 속도는 변하겠니? 변하지 않겠니?
v
v
속력 (속도의 크기)은 일정해도 속도의 방향은 계속 변하는군요.
따라서 동속 원운동은 가속도운동이야.
속도의 방향만 변해도 가속도가 생기는군요.
속도는 벡터니까!
속도는 항상 운동방향, 즉 원의 접선 방향이고, 가속도는 항상 원의 중심을 향한단다.
v
v
a
a
구심 가속도
왜 그럴까? 그렇지 않으면 날아가 버리니까.

등속 원운동의 가속도를 구해보자.
물체의 위치 P와 원 중심을 연결하는 선이
x축과 이루는 각도를 θ라고 하면
이 각도도 θ가 되는 이유
$p(x,\ y)$
앞의 그림에서
이 각은 $90° - \theta$
따라서 이 각도도 θ
앞의 그림의 속도 $\vec{v}$의 x, y성분을
각각 v_x, v_y라고 하면
$v_x = -v\sin\theta$
$v_y = v\cos\theta$
v_x는 x축의 음의 방향이니까, (−),
v_y는 y축의 양의 방향이니까, (+)
한편 앞의 그림에서
$\sin\theta = \frac{y}{r}$, $\cos\theta = \frac{x}{r}$
이므로 대입하면
$(x,\ y)$

$v_x = -v\sin\theta = -vy/r$
$v_y = v\cos\theta = vx/r$
따라서
$\vec{v} = v_x\hat{i} + v_y\hat{j}$
$= (-vy/r)\hat{i} + (vx/r)\hat{j}$
단위벡터 사용
그런데 가속도 $\vec{a}$는
속도 $\vec{v}$를 시간에 대하여
미분한 것이니까
$\vec{a} = d\vec{v}/dt$
$= (-v/r)(dy/dt)\hat{i} + (v/r)(dx/dt)\hat{j}$
v, r은
상수, 벡터의
미분은
각 성분의 미분
이 식 속의
$dy/dt = v_y,\ dx/dt = v_x$
위치를 미분하면 속도가 되니까.
또, 앞에서
$v_x = -v\sin\theta$
$v_y = v\cos\theta$
대입하면
$a = -(v^2/r)\cos\theta\hat{i}$
$-(v^2/r)\sin\theta\hat{j}$
이 식으로부터
가속도의 크기 a를 구하면
$a = \sqrt{a_x^2 + a_y^2}$
$= \frac{v_2}{r}\sqrt{(\cos\theta)^2 + (\sin\theta)^2}$
$= \frac{v_2}{r}\sqrt{1} = \frac{v_2}{r}$

1차원 상대운동
보통 속도라고 하는 것은 지면에 대한 속도를 말하는 것이야.
지면에 대해서 100 km/h
100 km/h로 달리는 자동차에서 같은 속도로 달리는 자동차를 보면 정지해 있는 것으로 보이죠.
속도는 상대적이고, 측정하는 기준틀에 따라서 다르지!
예를 들어, 미라는 정지한 상태(틀 A의 원점)로, 물리도사는 일정한 속력으로 주행하는 자동차 속(틀 B의 원점)에서, 달리고 있는 트럭 P를 보고 있어.
틀 A
틀 B
P
두 사람이 주어진 순간에 트럭의 위치를 측정한다면
x_{PA}
x_{PB}
x_{BA}

x_{PA}는 미라(틀A)에서 본 트럭 P의 좌표,
x_{PB}는 물리도사(틀B)에서 본 트럭 P의 좌표,
그리고 x_{BA}는 미라(틀A)에서 본 물리도사(틀B)의 좌표를 나타내지.
그러면
$x_{PA} = x_{PB} + x_{BA}$
가 되겠지?
이 방정식이 뜻하는 것은 "A가 측정한 P의 좌표는 B가 측정한 P의 좌표 더하기 A가 측정한 B의 좌표"
속도를 구하기 위해서 이 식을 시간 t에 대해서 미분하면
$(d/dt)x_{PA} = (d/dt)x_{PB} + (d/dt)x_{BA}$
이므로!
$(d/dt)_{x_{PA}} = v_{PA}$
$(d/dt)_{x_{PB}} = v_{PB}$
$(d/dt)_{x_{BA}} = v_{BA}$
$v_{PA} = v_{PB} + v_{BA}$
위치를 미분하면 속도!
이 식이 의미하는 것은 "A가 측정한 P의 속도는 B가 측정한 P의 속도 더하기 A가 측정한 B의 속도"
여기서 틀B가 틀A에 대해 상대적으로 항상 등속도 운동을 하고, 트럭 P는 가속도운동을 한다고 가정하자.

가속도를 구하기 위하여
속도를 t에 대하여 미분하면
$(d/dt)v_{PA}=(d/dt)v_{PB}+(d/dt)v_{BA}$
$(d/dt)v_{PA}=a_{PA}$
$(d/dt)v_{PB}=a_{PB}$
$(d/dt)v_{BA}=0$
틀 B가 틀 A에 대해 등속도 운동을 하므로 v_{BA}는 상수, 따라서 상수의 미분은 영
그러므로
$a_{PA}=a_{PB}$
이 식을 음미하면 상대적으로 등속도 운동을 하는 다른 기준틀의 관측자들이 측정한 운동하는 물체의 가속도는 같다.
당연한 거 아냐? A는 P의 가속도를 느낄 거고, B도 P가 가속하면 가속도를 느끼겠지!
A, B가 느끼는 속도는 달라도 가속도는 같다는 말이야.
앞에서 사용한 아래 첨자의 순서에 주의해야 돼.
x_{PA}는 트럭 P의 좌표에서 틀 A의 원점의 좌표를 뺀 것이므로 순서를 PA라고 썼지. x_{BA}, x_{PB}도 마찬가지 의미야.
속도와 가속도의 경우에도 마찬가지로, 예를 들면, v_{PA}는 P의 A 대한 속도이고, a_{PA}는 P의 A에 대한 가속도지?

2차원 상대운동
P
y
y
틀 A
틀 B
r_{PB}
r_{PA}
v_{BA}
x
r_{BA}
x
기준틀 B가 기준틀 A에 대해 상대적인 등속도 v_{BA}로 운동을 하고
어느 순간에 기준틀 A와 B의 원점에서 트럭 P를 바라보고 있다고 하자.
틀 A가 정지해 있을 필요는 없음(상대속도니까). 두 틀은 평행하다고 가정.
트럭 P의 틀 A의 원점 및 틀 B에 대한 위치벡터가 각각 r_{PA}, r_{PB}이고, 틀 B의 원점의 틀 A의 원점에 대한 위치벡터를 r_{BA}라고 하면
$\vec{r}_{PA}=\vec{r}_{PB}+\vec{r}_{BA}$
2차원이니까 벡터 사용
상대속도를 얻기 위해 이 식을 미분하면
$\vec{v}_{FA}=\vec{v}_{PB}+\vec{\iota}_{BA}$
가속도를 얻기 위해 또 미분하면
$\vec{a}_{PA}=\vec{a}_{PB}+0$
$\vec{v}_{BA}$는 상수니까
1차원 때와 같이 A, B가 느끼는 속도는 달라도 가속도는 같아.

퀴즈 1 공항에서 동쪽으로 10.0 km 떨어진 A지점부터 자동차가 일정한 속력 100 km/h로 3.00시간 동안 북쪽으로 달려서 B지점을 통과한 다음, 다시 동쪽으로 2.00시간 동안 달려서 C지점을 통과했다. 공항을 원점, 동쪽을 x축, 북쪽을 y축으로 잡고 다음 물음에 답하라.

(a) A지점의 위치벡터를 단위벡터로 나타내라.

(b) C지점의 위치벡터를 단위벡터로 나타내라.

(c) A지점에서 C지점까지의 자동차의 변위벡터를 단위벡터로 나타내라.

(d) A지점에서 C지점까지의 자동차의 평균속도를 단위벡터로 나타내라.

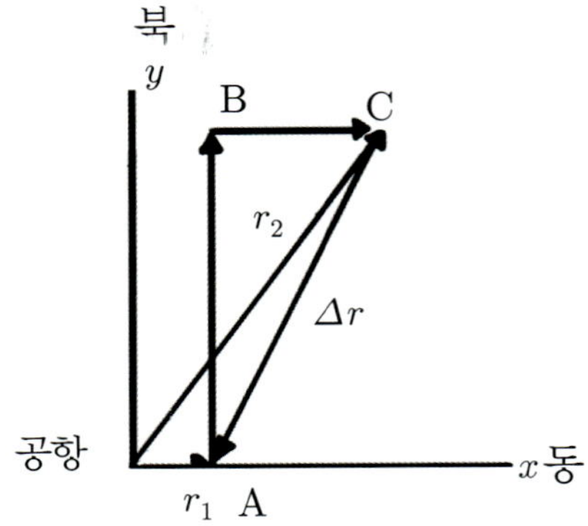

답 (a) A지점은 공항(원점)으로부터 10.0 km(위치벡터의 크기) 떨어져 있고, (위치벡터의)방향은 x축의 단위벡터 $\hat{i}$의 방향이므로, A지점의 위치벡터 $\vec{r}$은

$\vec{r} = (10.0\ \text{km})\hat{i}$

(b) C지점은 원점에서 동쪽으로 10.0 km+(100 km/h ×2.00 h)=210 km 떨어져 있고, 북쪽으로 100 km/h×3.00 h=300 km 떨어져 있음. 동쪽 방향은 $\hat{i}$ 벡터 방향이고, 북쪽 방향은 y축의 단위 벡터 $\hat{j}$의 방향이므로, C지점의 위치벡터 $\vec{r}_2$는

$\vec{r}_2 = 210\ \text{km}\hat{i} + (300\ \text{km})\hat{j}$

(c) 변위 벡터 $\Delta\vec{r}$은

$$\begin{aligned}\Delta\vec{r} = \vec{r}_2 = \vec{r}_1 &= \{(210\ \text{km})\hat{i} + (300\ \text{km})\hat{j}\} - (10.0\ \text{km})\hat{i} \\ &= (200\ \text{km})\hat{i} + (300\ \text{km})\hat{j}\end{aligned}$$

(d) 평균속도 $\vec{v}_{avg}$는

$$\begin{aligned}\vec{v}_{avg} &= \Delta\vec{r}/\Delta t \\ &= \{(200\ \text{km})\hat{i} + (300\ \text{km})\hat{j}\}/(5.00\ \text{h}) \\ &= (40\ \text{km/h})\hat{i} + (60\ \text{km/h})\hat{j}\end{aligned}$$

$\Delta t = 5\ \text{h}$인 이유는 A지점에서 C지점까지 이동하는 데 걸린 시간이 5시간이기 때문임.

퀴즈 2

운동장을 뛰어다니는 고양이의 위치가 x, y좌표로 나타내면 다음과 같다.

$x = -0.1t^2 + 5t + 10$

$y = t^2 - 6t + 20$

단, 시간 t의 단위는 초, x, y의 단위는 미터이다.

(a) $t = 10\ s$일 때의 고양이의 위치벡터 $\vec{r}$을 단위 벡터로 나타내고, 그 크기와 각도를 구하라.

(b) $t = 10\ s$일 때의 고양이의 속도 $\vec{v}$를 단위 벡터로 나타내어라.

(c) $t = 10\ s$일 때의 고양이의 가속도 $\vec{a}$를 단위 벡터로 나타내어라.

답

(a) x, y가 위치벡터 $\vec{r}$의 스칼라 성분이므로,

$\vec{r} = x\hat{i} + y\hat{j} = (-0.1t^2 + 5t + 10)\hat{i} + (t^2 - 6t + 20)\hat{j}$

시간 $t = 10\ s$일 때의 위치벡터는 이 식의 t에 10을 대입하여

$r = \{-0.1(10)^2 + 5(10) + 10\}\hat{i} + \{(10)^2 - 6(10) + 20)\}\hat{j}$

$= (50\ \text{m})\hat{i} + (60\ \text{m})\hat{j}$

위치벡터 $\vec{r}$의 크기 r은

$r = \sqrt{x^2 + y^2} = \sqrt{50^2 + 60^2}$

$= 78\ \text{m}$

위치벡터 $\vec{r}$이 x축과 이루는 각도 θ는

$\tan\theta = y/x = 60/50 = 12.\ \ \theta = 50°$

(b) 위치 $\vec{r}$을 미분하면 속도 $\vec{v}$가 되므로,

$\vec{v} = d\vec{r}/dt = (dx/dt)\hat{i} + (dy/dt)\hat{j}$

$= (-0.2t + 5)\hat{i} + (2t - 6)\hat{j}$

이 식에 시간 $t = 10\ s$를 대입하면

$\vec{v} = \{-0.2(10) + 5\}\hat{i} + \{2(10) - 6\}\hat{j}$

$= (3\ \text{m}/s)\hat{i} + (14\ \text{m}/s)\hat{j}$

(c) 속도 $\vec{v}$를 미분하면 가속도 $\vec{a}$가 되므르,

$\vec{a} = d\vec{v}/dt = (dv_x/dt)\hat{i} + (dv_y/dt)\hat{j}$

$= (-0.2\ \text{m/s}^2)\hat{i} + (2\ \text{m/s}^2)\hat{j}$

퀴즈 3 골프채로 골프공을 초기속도 $v_0 = 30\ \mathrm{m/s}$로 칠 때 다음 물음에 답하라. 단, 골프공과 홀컵의 높이는 같고 공기의 저항은 무시한다.

(a) 발사각 θ_0가 30°일 때 골프공이 1초 동안 이동한 수평 거리와 수직 거리를 구하라.

(b) 70 m 떨어진 그린 위의 홀 컵에 골프공을 넣기 위한 발사각 θ_0와 걸리는 시간을 구하라.

(c) 골프공의 최대 도달 거리를 구하라.

답 (a) 수평 거리 x와 수직 거리 y는

$x = x_0 + (v_0 \cos\theta_0 t)$

$y = y_0 + (v_0 \sin\theta_0)t - (1/2)gt^2$

$x_0 = 0$, $y_0 = 0$로 잡고, $v_0 = 30\ \mathrm{m/s}$, $\theta_0 = 30°$, $t = 1\ \mathrm{s}$를 넣으면

$x = 0 + (30)\cos 30°\ (1) = 26\ \mathrm{m}$

$y = 0 + (30)\sin 30°\ (1) - (1/2)(9.8)(1)^2 = 10\ \mathrm{m}$

(b) 발사각 θ_0와 수평 도달 거리 R을 연관 짓는 식은

$R = v_0^2 \sin 2\theta_0 / g$

$R = 70\ \mathrm{m}$, $v_0 = 30\ \mathrm{m/s}$을 대입하면

$70 = (30)^2 \sin 2\theta_0 / (9.8)$

$\sin 2\theta_0 = 0.8$, $2\theta_0 = 53°$

$\theta_0 = 27°$

걸리는 시간은 수평거리가 70 m라는 것과 수평거리 x는

$x = x_0 + (v_0 \cos\theta_0 t)$

로 주어진다는 것으로부터 ($x_0 = 0$로 잡음)

$70 = 0 + (30)\cos 27° t$

이 식에서 t를 구하면

$t = 2.7\ s$

(c) 최대도달거리 R_{max}는 $\theta_0 = 45°$일 때의 수평 도달 거리 R이므로

$R = v_0^2 \sin 2\theta_0 / g$

이 식을 이용하여

$R_{max} = (30)^2 \sin\{2(45°)\}/(9.8) = 92\ \mathrm{m}$

퀴즈 4 반경 10 m의 회전목마가 20초 주기로 등속원운동을 하고 있다.
(a) 회전목마의 속력을 구하라.
(b) 회전목마의 구심가속도의 크기를 구하다.

답 (a) 주기 T란 한 바퀴 도는 데 걸리는 시간이므로
$T=$(원주의 길이)/속도$= 2\pi r/v$
이 식에 $T=20\ s$, $r=10$ m를 대입하여 속력 v를 구하면
$v=2(3.14)(10)/20=3.1$ m/s
(b) 구심가속도의 크기 a는
$a=v^2/r=(3.1)^2/10=0.96$ m/s^2

퀴즈 5 아래 그림과 같이 정지해 있는 미라(틀 A)에 대해 물리도사(틀 B)는 승용차를 타고 80 km/h로 등속운동을 하고 있다.

(a) 미라가 측정한 트럭(P)의 속도가 100 km/h일 때, 물리도사가 측정한 트럭의 속도를 구하라.

(b) 트럭이 일정한 가속도로 20초 후에 멈추려고 브레이크를 밟았다면 미라와 물리도사에 대한 트럭의 가속도는 얼마인가?

답 (a) 미라가 측정한 트럭의 속도(100 km/h)를 $\vec{v}_{PA}$, 물리도사가 측정한 트럭의 속도를 $\vec{v}_{PB}$, 미라에 대한 물리도사의 속도(80 km/h)를 $\vec{v}_{BA}$라고 하면,

$\vec{v}_{PA} = \vec{v}_{PB} + \vec{v}_{BA}$

대입하면

$100 = v_{PB} + 80$

$\vec{v}_{PB} = 20\ \mathrm{km/h}$

(b) 가속도는 $v = v_0 + at$ 식을 사용하여 구할 수 있음.

- 미라에 대한 트럭의 가속도 a_{PA} 구하기

  미라에 대한 트럭의 초기상대속도 v_0는 100 km/h, 최종상대속도 v는 영, 시간 t는 20초이므로 이 값들을 대입하면

  $0 = (100\ \mathrm{km/h}) + a(20\ \mathrm{s})$

  $a = (-100\ \mathrm{km/h})/(20\ \mathrm{s})$

  $\quad = (-100 \times 10^3\ \mathrm{m}/3600\ \mathrm{s})/(20\ \mathrm{s})$

  $\quad = -1.4\ \mathrm{m/s^2}$

- 물리도사에 대한 트럭의 가속도 $\vec{a}_{PB}$ 구하기

  물리도사에 대한 트럭의 초기상대속도 $\vec{v}_0$는 20 km/h, 최종상태속도 $\vec{v}$는 -80 km/h(트럭이 정지해 있고 물리도사는 80km/h로 달리고 있기 때문임), 시간 t는 20초이므로 이 값들을 대입하면

  $-80\ \mathrm{km/h} = (20\ \mathrm{km/h}) + a(20\ \mathrm{s})$

  $a = -1.4\ \mathrm{m/s^2}$

따라서, 상대적으로 등속도 운동을 하는 다른 기준틀의 관측자들이 측정한 운동하는 물체의 가속도는 같다는 것을 알 수 있음.

퀴즈 6 빗방울이 수직 아래 방향(y축의 음의 방향)으로 등속력 30 km/h로 떨어진다. 직선도로를 x축의 양의 방향으로 등속력 90 km/h로 달리고 있는 자동차에 대한 빗방울의 상대속도를 단위벡터로 나타내라.

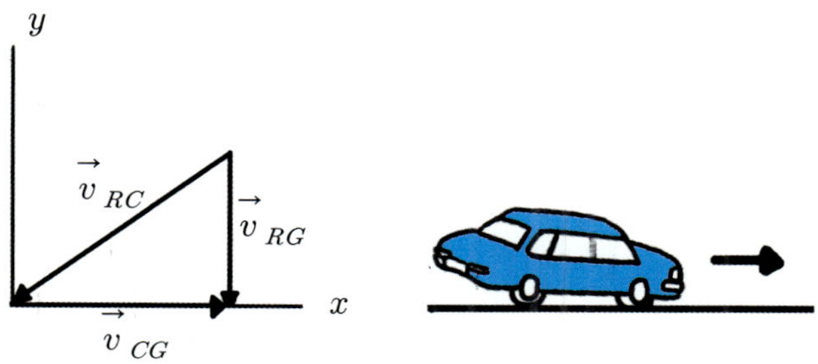

R: Rain
G : Grond
C : Car

답 좌표축을 그림과 같이 잡고, 빗방울의 지면에 대한 상대속도$\{(30\text{ km/h})(-\hat{j})\}$를 $\vec{v}_{RG}$, 자동차에 대한 빗방울의 상대속도를 $\vec{v}_{RC}$, 자동차의 지면에 대한 상대속도 $\{(90\text{ km/h})\hat{i}\}$를 $\vec{v}_{CG}$라고 하면,

$$\vec{v}_{RG} = \vec{v}_{RC} + \vec{v}_{CG}$$

대입하면

$$(30\text{ km/h})(-\hat{j}) = \vec{v}_{RC} + (90\text{ km/h})\hat{i}$$

$$\vec{v}_{RC} = -(90\text{ km/h})\hat{i} - (30\text{ km/h})\hat{j}$$

고전역학

양자물리학

6. 힘과 운동

물체의 모든 상태는 가속도 운동으로 귀결된다는 것이 물리학의 깨달음이야. 가속도의 원인에 대해서는 이제까지 얘기하지 않았는데, 그것은 바로 힘이야. 여기서는 힘과 운동에 대해서 생각해 보자.
뉴턴의 제1법칙
뉴턴의 제1법칙이 뭐지?
1
그거야 관성의 법칙이죠. 물체에 힘을 가하지 않으면 현재의 속도를 유지한다는 것이죠. 즉, 가속되지 않는다는 것이죠.
정지해 있었다면 정지한 채로, 움직이고 있었다면 같은 속도로 계속 운동.
힘의 단위는 N(뉴턴)을 사용하고, 질량 1 kg의 물체가 가속도 1 m/s^2만큼 가속될 때의 힘을 1 N이라고 한단다.
$1\,\mathrm{N} = (1\,\mathrm{kg})(1\,\mathrm{m}/s^2) = 1\,\mathrm{kg} \cdot \mathrm{m}/s^2$
가속도와 같이 힘은 벡터량

뉴턴의 제2법칙
뉴턴의 제2법칙은 뭐냐?
$\vec{F} = m\vec{a}$죠.
그렇지. 물체에 작용한 힘은 물체의 질량과 가속도의 곱과 같다는 것이지.
힘은 질량×가속도
여기서 힘은 물체에 작용하는 모든 힘의 (벡터)합, 즉 알짜힘이라는 것에 주의
한편, 물체의 질량과 무게를 혼동하면 안 돼. 무게란 자유낙하하지 못하도록 물체에 작용하는 힘이야.
지구에서 질량 1 kg의 무게는 1 kg×중력가속도 $= 1\ \mathrm{kg} \times 9.8\ \mathrm{m/s^2} = 9.8\ \mathrm{N}$이지.

달에서 질량 1 kg의 무게는 1 kg×달의 중력가속도 $= 1\ \mathrm{kg} \times 1.7\ \mathrm{m/s^2} = 1.7\ \mathrm{N}$ 이겠네요.
힘은 질량×가속도
정지해 있는 물체의 무게는 물체에 작용하는 수직(항)력 $\vec{F}_N$과 같아.
수직항력 $\vec{F}_N = m\vec{g}$
중력 $\vec{F} = m\vec{g}$
N : Normal(수직)
지구가 중력의 힘으로 아래로 잡아당기므로, 아래로 움직이지 않으려면 위로 같은 힘이 작용해야 되겠지? 이 힘을 수직항력이라고 해.

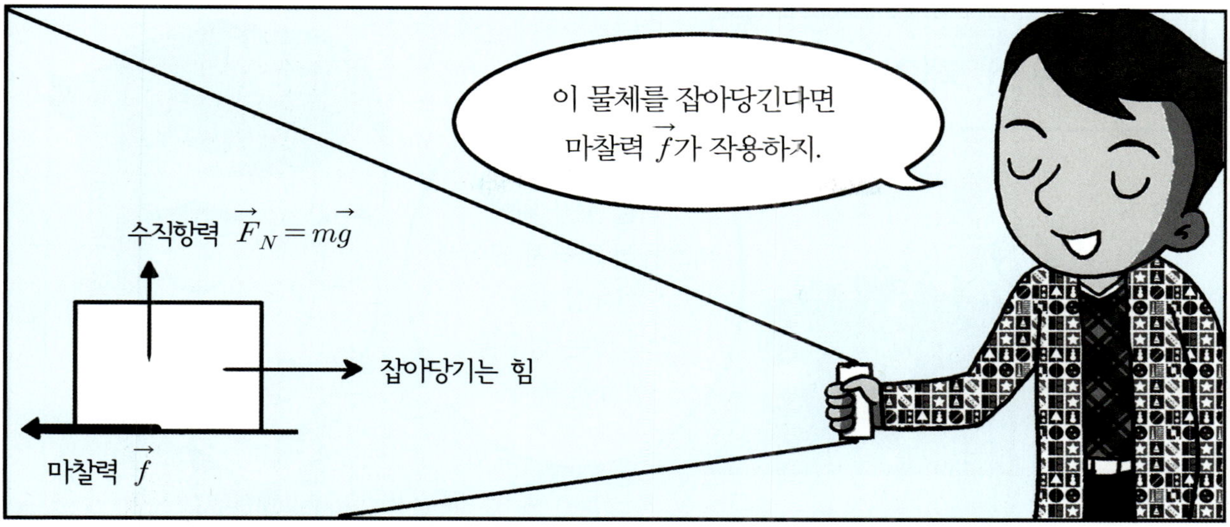

이 물체를 잡아당긴다면
마찰력 $\vec{f}$가 작용하지.
수직항력 $\vec{F}_N = m\vec{g}$
잡아당기는 힘
마찰력 $\vec{f}$

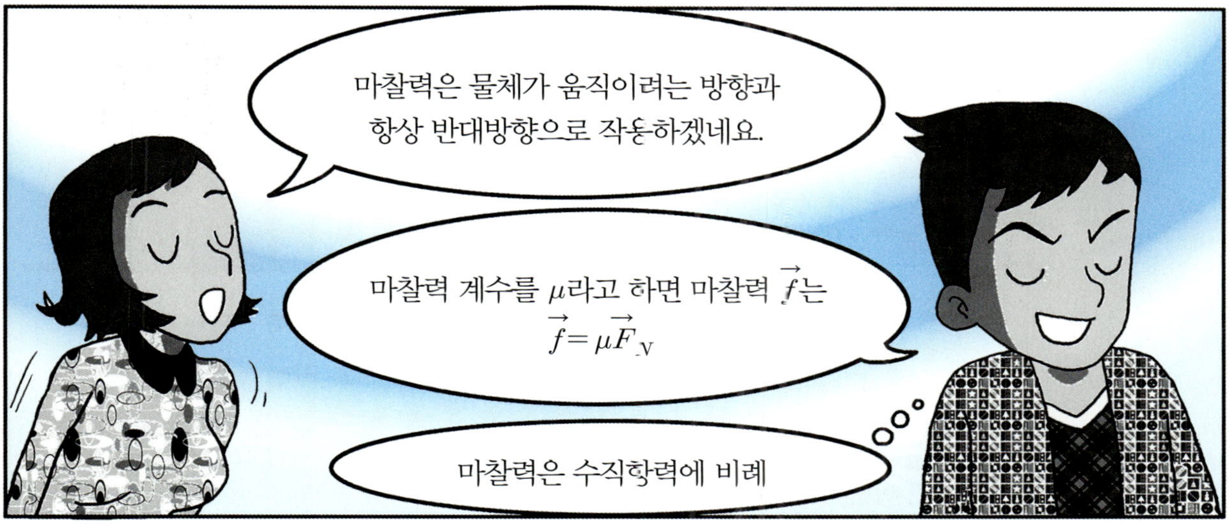

마찰력은 물체가 움직이려는 방향과
항상 반대방향으로 작용하겠네요.
마찰력 계수를 μ라고 하면 마찰력 $\vec{f}$는
$\vec{f} = \mu\vec{F}_N$
마찰력은 수직항력에 비례

만약 물체에 줄을 연결해서
팽팽하게 잡아당기면 장력 $\vec{T}$가 줄에 작용하지.
줄에 걸린 장력은 잡아당기는 힘과 크기는 같고
방향은 반대 방향이야.
줄에 걸린 장력 $\vec{T}$
잡아당기는 힘
T : Tension

뉴턴의 제3법칙
책이
선물 상자 위에
비스듬히 쓰러져 있어서
선물상자를
밀고 있는 경우를
생각해 보자.
책이 밀어도
선물 상자가
움직이지 않는 것은
선물 상자도
책을 밀고 있기 때문이야.
상자가 책을 미는 수평 힘 $\vec{F}_{BP}$
책이 상자를 미는 수평 힘 $\vec{F}_{PB}$
이 두 힘의 크기는 같고
방향은 반대 방향이겠군요.
$\vec{F}_{BP} = \vec{F}_{PB}$
이 한 쌍의 힘을
짝힘이라고 하지.
두 물체가
서로 밀거나 당기면
상호작용한다고
한단다.
뉴턴의 제3법칙:
두 물체가
상호작용할 때
서로에게
작용하는 힘은
항상 크기가 같고
방향이
반대이다.
왜
이러세요.

마찰
자동차가 도로를 달릴 수 있는 것은 마찰 때문이란 것을 알고 있니?
그럼요! 마찰이 없으면 걸을 수도 없죠.

으으~
밀어주세용~
시이 ~~… 작
움직인다 ~
정지마찰력 $\vec{f}_s$
운동마찰력 $\vec{f}_k$

이때 마찰력의 크기를 그래프로 그려보면
$\vec{f}_s$의 최댓값
마찰력의 크기
$\vec{f}_k$는 거의 일정
운동시작점
시간

정지마찰력은
미는 힘에 비례하여
증가하다가
최대(최대 정지마찰력)가 된 후,
움직이기 시작하면
운동마찰력으로
변하지.
최대 정지마찰력 $\vec{f}_{s,\max}$는
$\vec{f}_{s,\max} = \mu_s \vec{F}_N$
수직항력 $\vec{F}_N = m\vec{g}$
미는 힘 F
마찰력 $\vec{f}$
중력 $\vec{F} = m\vec{g}$
μ_s는 정지마찰력계수라고 불러.
미는 힘 $\vec{F}$가 $\vec{f}_{s,\max}$보다 크면
운동이 시작되고,
운동마찰력 $\vec{f}_k$가 작용하겠네요.
$\vec{f}_k = \mu \vec{F}_N$
μ_k : 운동마찰력계수
주의:
마찰력과 수직(항)력은
서로 수직이므로,
앞의 최대 정지마찰력에 관한 식과
운동마찰력에 관한 식은
벡터 방정식이 아니므로,
크기만을 나타냈음.

저항력과 종단속력
유체 속에서 운동을 하면 (저)항력을 받겠지?
유체: 기체, 액체(여기서는 공기라고 생각)
이때 저항력 D의 크기는
$D=(1/2)C\rho Av^2$
C : 저항력 계수
ρ : 공기의 밀도
A : 물체의 유효단면적 (속도 v에 수직인 단면적)
v : 물체의 속도
실험에 의해서 결정한 거야.
저항력계수 C는 속도 v가 크게 변하면 변할 수 있지만, 간단하게 일정하다고 하자꾸나.
스키 탈 때 몸을 웅크리면 유효단면적 A가 작아져서 저항력을 덜 받겠군요.

이야, 간다!
비행기에서 낙하산을 타고 뛰어내리면 저항력은 어떻게 되겠니?
저항력 $\vec{D}$
중력 $\vec{F}_g$
처음에 속도가 영일 때는 저항력도 영이어서 (속도의 제곱에 비례하니까) 중력에 의해 가속되면서 떨어지다가, 속도가 증가함에 따라서 저항력이 증가하여, 결국에는 중력과 저항력이 같아져서 일정한 속도(가속도 영)로 떨어지겠죠.
이 일정한 속력을 종(단)속력이라고 한단다.
이것을 식으로 나타내면 어떻게 되겠니?
뉴턴의 제2법칙을 쓰면 $\vec{F}_{net} = m\vec{a}$
$\vec{F}_{net}$는 작용하는 모든 힘의 합 (즉, 알짜힘).

여기서 $\vec{F}_{net}$는 $\vec{D}-\vec{F}_g$
따라서
$\vec{F}_{net}=\vec{D}-\vec{F}_g=m\vec{a}$
D는 y축의 양의 방향, F_g는 y축의 음의 방향
그런데 종(단)속력일 때는 가속도 $\vec{a}$가 영이므로 $\vec{D}-\vec{F}_g=0$, 즉 $\vec{D}=\vec{F}_g$
그런데
$D=(1/2)C\rho Av^2$
따라서
$(1/2)C\rho Av^2=F_g$
그러므로 종단속력 v_t는
$v_t=\sqrt{\frac{2F_g}{C\rho A}}$
t : terminal
이 식에서 알 수 있듯이 종(단) 속력 v_t를 작게 하여 부상을 입지 않으려면 유효단면적 A를 크게 해서 저항력을 더 받게 해야 하는군요.
그래서 낙하산을 펴는 거야.
등속원운동과 구심력
앞에서 등속원운동의 구심가속도 a는 $a=v^2/r$이라는 것을 배웠지?
그러면 $F=ma$니까, 구심력의 크기 F는 $F=m(v^2/r)$이 되겠군요.
v일정 → F일정. F의 방향은 항상 원의 중심방향.

퀴즈 1 아래와 같은 두 힘에 의해서 미라가 스케이트를 타고 빙판 위를 x축 방향으로 미끄러지고 있을 때 미라의 가속도를 구하라. 미라의 질량은 50 kg이고 마찰이 없다고 가정하라.

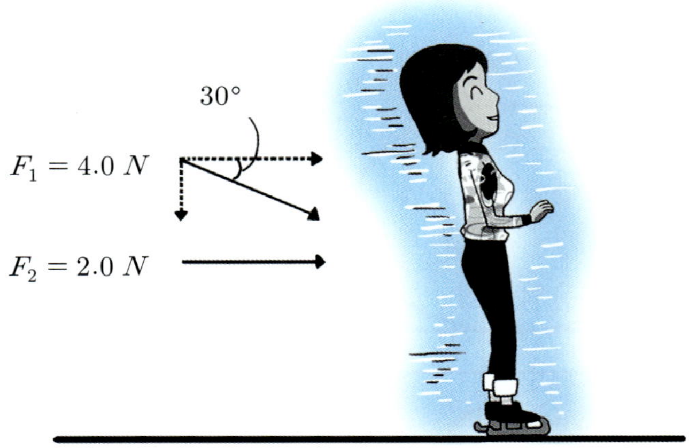

답 뉴턴의 제2법칙에 의하면 $\vec{F}=m\vec{a}$, 여기서 F는 작용하는 모든 힘의 합인 알짜힘.

$\vec{F}_1$의 수직성분은 운동방향에 수직이므로 운동에 관여하지 않음.

따라서 $\vec{F}=\vec{F}_1$의 수평성분$+\vec{F}_2$, 즉

$F=F_1\cos 30°+F_2=4.0\cos 30°+2.0=3.5+2.0=5.5\text{ N}$,

대입하면

$5.5=(50)a,\ a=0.11\text{ m/s}^2$

방향은 가속도가 (+)이므로 x축의 양의 방향

퀴즈 2 아래 그림과 같이 도르래를 사이에 두고 두 물체 A, B가 줄에 의해 연결되어 있다. A, B의 질량은 각각 M kg, m kg이며, 마찰과, 도르래와 줄의 질량을 무시할 수 있을 때,

(a) A, B의 가속도를 구하라.

(b) 줄의 장력을 구하라.

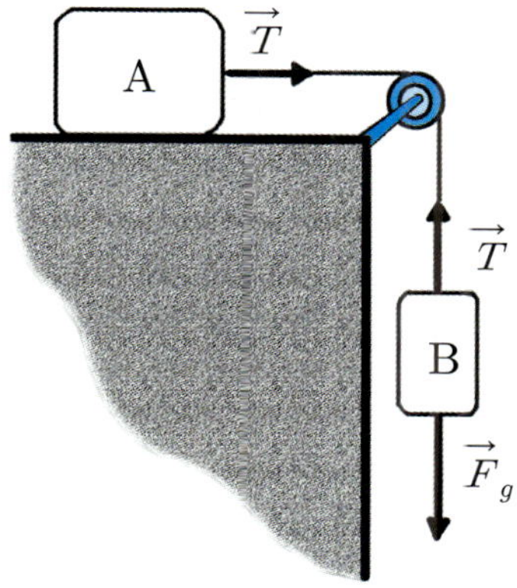

답 수평방향과 수직방향으로 나눠서 뉴턴의 제2법칙 적용

i) 수평방향 : 수평방향으로 움직이는 물체는 A뿐이며, 수평방향으로 작용하는 힘은 장력 $\vec{T}$ 뿐임. 따라서 A에 대해서 뉴턴의 제2법칙을 적용하면, $\vec{T} = M\vec{a}$.

ii) 수직방향 : 수직방향으로 움직이는 물체는 B뿐이고, 수직방향으로 작용하는 힘은 장력 T와 B에 대한 중력 $\vec{F}_g = m\vec{g}$ 임. 통상 위의 방향을 (+) 방향으로 잡으므로, 두 힘의 합(알짜힘)은 $T - mg$ 임. 또, B는 아래 방향으로 움직이므로 B의 가속도는 $-a$ 임. 따라서 B에 대해서 뉴턴의 제2법칙을 적용하면.

$T - mg = -ma$

두 식에서 장력 T는 하나의 줄에 작용하므로 같음.

(a) 두 식에서 T를 소거하면

$Ma - mg = -ma,\ a = mg/(M+m)\ m/s^2$

A, B가 같이 움직이므로 가속도는 같음.

(b) 위 식에 구한 a를 대입하면

$T = M\mathrm{m}g/(M+\mathrm{m})\ N$

퀴즈 3

질량 m = 60 kg인 물리도사가 승강기에 타고 있다.

(a) 승강기가 정지된 상태의

(b) 승강기가 등속 2.3 m/s로 위로 올라갈 때의

(c) 승강기가 가속도 1.2 m/s^{2}으로 위로 올라갈 때의 물리도사의 몸무게를 구하라.

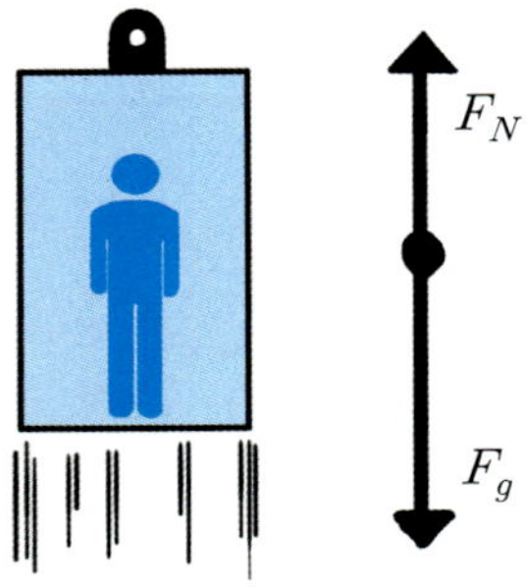

답

물리도사에게 작용하는 모든 힘의 합(알짜힘)은 수직(항)력 $\vec{F}_N$ − 중력 $\vec{F}_g$ 임.

따라서 물리도사에 대해서 뉴턴의 제2법칙을 적용하면

$$\vec{F}_N - \vec{F}_g = m\vec{a},\ \vec{F}_N - m\vec{g} = m\vec{a}$$

몸무게는 수직(항)력 $\vec{F}_N$이므로, $\vec{F}_N$에 대하여 정리하면

$$\vec{F}_N = m\vec{g} + m\vec{a}$$

(a) 정지 상태에서는 가속도 $a = 0$이므로, 이것을 대입하면

$$\vec{F}_N = m\vec{g}$$

$$= (60\ \text{kg})(9.8\ \text{m/s}^2) = 588\ \text{N} \approx 590\ \text{N}$$

(b) 등속운동 할 때도 가속도 $a = 0$이므로 정지해 있을 때와 마찬가지로 590 N

(c) 가속도 a는 1.2 m/s이므로 대입하면

$$\vec{F}_N = m\vec{g} + m\vec{a}$$

$$= (60)(9.8) + (60)(1.2) = 660\ N$$

따라서 위로 가속되면 무겁게 느껴지고, 아래로 가속되면 가볍게 느껴짐.

퀴즈 4 기차가 건널목 앞에서 장애물을 발견하고 제동을 걸어서 일정한 가속도로 정지했다.
운동마찰계수 $\mu_k = 0.50$일 때,

(a) 가속도를 구하라.

(b) 제동을 건 후 10초 만에 정지했다면 제동을 걸 당시의 속도는 시속 몇 km인가?

(c) 제동을 건 후 미끄러진 거리를 구하라.

답 (a) 운동마찰력 $\vec{f}_k$는 운동의 방향의 반대 방향으로 작용한다.
따라서, 뉴턴의 제2법칙을 적용하면

$$-\vec{f}_k = m\vec{a}$$

한편

$$f_k = \mu_k F_N$$

여기서 F_N은 수직항력이고 $F_N = mg$임

이것들을 위 식에 대입하면

$$-f_k = -\mu_k F_N = -\mu_k mg = ma$$

$$a = -\mu_k g = -(0.5)(9.8\ \mathrm{m/s^2}) = -4.9\ \mathrm{m/s^2}$$

(b) 등가속도운동의 기본방정식 (1)에 의하면 $v = v_0 + at$. 제동을 걸었을 때의 속도를 초기 속도 v_0라고 놓고, 정지했을 때의 속도를 나중 속도 $v(=0)$라고 놓은 후, 위에서 구한 가속도 a와 $t = 10\ s$를 대입하면

$$0 = v_0 + at = v_0 + (-4.9)(10)$$

$$v_0 = (4.9)(10) = 49\ \mathrm{m/s}$$

시속으로 바꾸면

$$v_0 = 49\ \mathrm{m}/s = (49)(3600)\ \mathrm{m/h} = 176.4\ \mathrm{km/h} \approx 180\ \mathrm{km/h}$$

(c) 등가속도운동의 기본방정식 (2)에 의하면

$$x = x_0 + v_0 t + (1/2)at^2$$

제동을 걸었을 때의 위치를 초기위치 x_0라고 놓고, 정지했을 때의 위치를 나중위치 x라고 생각하면, 미끄러진 거리는 $x - x_0$임. 위에서 구한 가속도 a와 초기속도 v_0와 $t = 10$를 대입하면

$$x - x_0 = v_0 t + (1/2)at^2$$

$$= (49)(10) + (1/2)(-4.9)(10)^2 = 245\ \mathrm{m} \approx 250\ \mathrm{m}$$

퀴즈 5 질량 m = 80 kg인 썰매가 경사각 $\theta = 30°$인 경사면에 정지해 있을 때 정지마찰계수를 구하라.

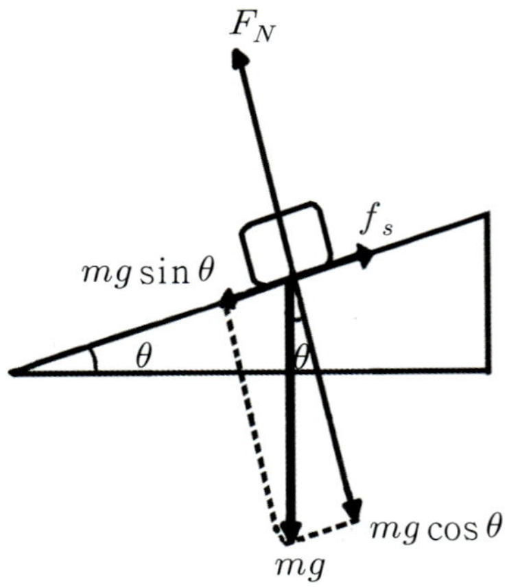

답 썰매가 정지해 있으므로, 수평방향의 힘과 수직방향의 힘은 같음. 따라서

$$mg\sin\theta = f_s$$

$$F_N = mg\cos\theta$$

그런데

$$f_s = \mu_s F_N = \mu_s mg\cos\theta$$

따라서

$$mg\sin\theta = \mu_s mg\cos\theta$$

$$\mu_s = \tan\theta = \tan 30° = 0.58$$

퀴즈 6

반경 1.2 mm의 구형 빗방울이 높이 15 km에서 떨어진다. 빗방울의 항력계수는 0.62이고, 밀도는 1000 kg/m^{3}이고, 공기의 밀도는 1.2 kg/m^{3}이다.
빗방울의 종(단) 속력을 구하라.

답

종단속력 v_t는

$$v_t = \sqrt{\frac{2F_g}{C\rho A}}$$

C와 ρ(공기의 밀도)는 주어졌음.

빗방울에 작용하는 중력 $f_g = mg$임. 빗방울의 질량 m은 m=(밀도)×(부피)

밀도= 1000 kg/m^3, 부피= $(3/4)\pi r^3 = (3/4)(3.14)(1.2\times10^{-3})^3 = 4.1\times10^{-9}$ m^3

따라서, $f = (1000)(4.1\times10^{-9})(9.8) = 4.0\times10^{-5}\ N$

빗방울의 유효단면적 A는 구의 단면적인 원의 면적

$\pi r^2 = (3.14)(1.2\times10^{-3})^2 = 3.8\times10^{-6}$임.

이 값들을 위 식에 대입하면

$$v_t = \sqrt{\frac{2(4.0x10^{-5})}{(0.62)(1.2)(3.8x10^{-6}))}} = 28\ \text{m/s}$$

퀴즈 7 롤러코스터가 반경 53 m의 원형 공중돌기를 등속으로 할 때 최고점에서 떨어지지 않을 최소 속력을 구하라.

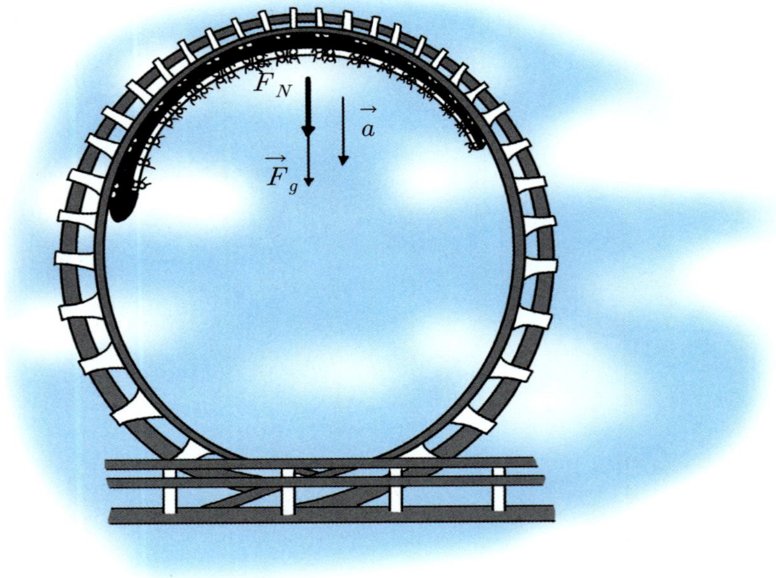

답 최고점에서는 중력 $\vec{F}_g$와 수직력 $\vec{F}_N$이 모두 아래 방향을 향함. 즉, 작용하는 모든 힘의 합은 $\vec{F}_{net} = -\vec{F}_g - \vec{F}_N$, 등속원운동의 가속도 $\vec{a}$는 원의 중심 방향을 향하므로 최고점에서는 아래 방향$(-a)$으로 작용함. 따라서 뉴턴의 제2법칙을 적용하면

$$-F_N - F_g = -F_N - mg = m(-a)$$

한편 등속원운동의 가속도의 크기 a는

$$a = v^2/r$$

대입하면

$$-F_N - mg = m(-v^2/r)$$

최소 속력으로 운동하면 롤러코스터가 궤도에서 거의 떨어져 버리는 상태이므로 $F_N = 0$임. 따라서

$$-0 - mg = m(-v^2/r)$$

$$v = \sqrt{rg} = \sqrt{(5.3)(9.8)} = 7.2\ \mathrm{m/s}$$

7. 운동에너지와 일

운동에너지
운동하는 물체는 에너지를 갖는데 이 에너지를 운동에너지라고 해.
운동에너지의 정의 $K=(1/2)mv^2$
K : Kinetic
예를 들어, 속력 15 m/s로 날아가는, 질량 2.1 kg의 기러기의 운동에너지 K는 얼마가 되겠니?
$K=(1/2)mv^2 = (1/2)(2.1\ \text{kg})(15\ \text{m/s})^2 = 1.6\ \text{kg}\cdot\text{m}^2/\text{s}^2$ 이네요.
에너지의 단위 $\text{kg}\cdot\text{m}^2/\text{s}^2$을 J(줄, Joule)이라고 부른단다.
즉, $1\ \text{joule} = 1\ \text{J} = 1\ \text{kg}\cdot\text{m}^2/\text{s}^2$
에너지는 스칼라양이야.

일
힘을 가하여 물체를 가속시키면 운동에너지가 증가하겠네요!
반대로 힘이 작용하여 물체가 감속되면 운동에너지는 감소하지.
힘을 통해서 에너지가 외부에서 물체로 전달되거나, 물체에서 외부로 전달되어 운동에너지가 변화하는군요!
힘을 통해서 에너지가 전달되는 것을 힘이 물체에 일을 한다고 한단다.
일W(Work)는 스칼라양

일과 운동에너지
F_y
$\vec{F}$
ϕ
F_x
일을 식으로 나타내보자. 마찰이 없는 얼음판에서 상자를 각도 ϕ를 이루는 일정한 힘 F로 밀고 있다고 해보자.
힘의 y성분 F_y는 운동에 기여하지 않고 x성분 F_x만 운동에 기여하므로, 뉴턴의 제2법칙을 적용하면
$F_x = ma_x$
m : 상자의 질량
a_x : 가속도의 x성분
상자가 변위 d만큼 이동하면, 상자의 속도는 초기속도 v_0에서 다른 속도 v로 변하겠지?
v_0
v
d

힘이 일정하니까 가속도도 일정할거야. 따라서 등가속도 운동의 기본방정식 (1)과 (2)를 이용하여 변위 d와 초기속도 v_0와 나중속도 v와의 관계를 유도해 보자.
등가속도운동의 기본방정식
$v=v_0+at$ (1)
$v=v_0+v_0t+(1/2)at^2$ (2)
(1)식에서
$t=(v-v_0)/a$
(2)식에 대입하면
$x=x_0+v_0(v-v_0)/a+(1/2)a\{(v-v_0)/a\}^2$
정리하면
$x=x_0+(v_0v-v_0^2)/a+(1/2)(v^2-2vv_0+v_0^2)/a$
$x-x_0=(v_0v-v_0^2)/a+(v^2/2-vv_0+v_0^2/2)/a$
$=(v^2/2-v_0^2/2)/a$
그런데 $x-x_0=d$이므로
$d=(v^2/2-v_0^2/2)/a$
$a=(v^2/2-v_0^2/2)/d$
위 식의 a를 a_x로 놓고,
$F_x=ma_x$ 식에 대입하면
$F_x=m(v^2/2-v_0^2/2)/d$
$F_xd=(1/2)mv^2-(1/2)mv_0^2$

우변의 첫 번째 항은
d만큼 이동한 상자의 운동에너지이고,
두 번째 항은
출발점에서의 운동에너지군요.
그렇지.
우변은 힘이 작용하여
운동에너지가 변한 것을 나타내고,
좌변은 그 변화가
$F_x d$와 같다는 말이지.
따라서 힘이 상자에 한 일
W(힘에 의한 에너지 전달)를
$W = F_x d$
로 나타내는 거야.
그런데, $F_x = F\cos\phi$이므로
$W = Fd\cos\phi$
로 쓸 수 있지.
F_y
$\vec{F}$
ϕ
F_x
우변은 $\vec{F}$벡터와 $\vec{d}$벡터의
스칼라곱(내적) $\vec{F}\cdot\vec{d}$와 같으므로
$W = \vec{F}\cdot\vec{d}$
이 식은
힘이 일정할 때만
적용 가능

일은 양이 될 수도 있고 음일 수도 있어.
$W = Fd\cos\phi$의 식에서
$\phi < 90°$이면 $\cos\phi > 0$,
$\phi = 90°$이면 $\cos\phi = 0$(일은 영),
$90° < \phi < 180°$이면 $\cos\phi < 0$
이 되기 때문이군요.
일의 단위는 뭐겠니?
$W = Fd\cos\phi$니까, $N \cdot m$ 아닌가요?
맞다. 그것을 줄(J)이라고 해.
일의 단위와 에너지의 단위는 같군요!
$1\,J = 1\,N \cdot m$
$= 1\,\mathrm{kg} \cdot \mathrm{m^2/s^2}$
여러 가지 힘이 작용하여 일을 한 경우에는 알짜 힘을 구하여 알짜일을 구해야 한단다.

일-운동에너지 정리
앞에서 나중운동에너지 K_f에서 초기운동에너지 K_i를 뺀 것이 일 W가 된다고 했지? 이것을 식으로 나타내봐라.
$\Delta K = K_f - K_i = W$
가 되네요.
f : final, i : initial
변형하면
$K_f = K_i + W$
즉, (알짜일을 한 후의 운동에너지)= (알짜일을 하기 전의 운동에너지)+(알짜일)
이것을 일-운동에너지 정리라고 한단다.
일-운동에너지 정리는 양과 음의 일에 모두 적용돼. 즉, 알짜일이 (+)이면 운동에너지는 한 일만큼 증가하고, (−)이면 운동에너지는 한 일만큼 감소하지.

중력에 의한 일
사과를 위로 던졌을 때 중력이 한 일을 생각해 보자.
사과의 질량을 m, 초기속도 v_0라고 하면, 초기 운동에너지는 $(1/2)mv_0^2$이겠지?
사과가 올라갈 때는 중력 F_g 때문에 속도가 감소하여 운동에너지가 감소하겠네요.
사과가 변위 d만큼 올라갔을 때 중력이 한 일 W_g는 어떻게 되겠니?
$W_g = Fd\cos\phi = mgd\cos\phi$인데 $\phi = 180°$이니까 $\cos\phi = -1$, 따라서 $W_g = -mgd$네요.
사과가 아래로 떨어질 때는 어떻게 되겠니?
$W_g = Fd\cos\phi = mgd\cos\phi$인데 $\phi = 0°$니까 $\cos\phi = 1$, 따라서 $W_g = +mgd$네요.

이번에는
물체를 들어 올릴 때
한 일을
생각해보자.
$\vec{F}_a$
$\vec{F}_g$

수직 방향의
힘(외력) $\vec{F}_a$를 가해서 들어 올리면,
물체가 위로 이동하는 동안에 이 힘은
양의 일 W_a(속도 증가)를 하는 반면,
중력 $\vec{F}_g$는 음의 일 W_g(속도 감소)
를 하겠지?
a : applied

그러면
물체의 운동에너지의
변화량 ΔK는
$\Delta K = K_f - K_i = W_a + W_g$
가 되네요.

물체를 들어올리기 직전과
들어 올린 후에 정지해 있다면
초기운동에너지 K_i와
나중 운동에너지 K_f는 영일 테니까
$0 - 0 = W_a + W_g$
$W_a = -W_g$

물체를 내릴 때도
마찬가지 관계가 성립해.
$\vec{F}_a$
$\vec{F}_g$
이 경우에는 중력이 양의 일(속도 증가)을 하고
외력이 음의 일(속도 감소)을 하지.
반대가 돼서
같아지는구나!
한편, 앞에서
중력에 의한 일이
$W_g = mgd\cos\phi$
이었으니까,
외력이 한 일은
이것과 부호가 반대가 되어서
$W_a = -mgd\cos\phi$
가 되겠네요.
m: 물체의 질량
d: 변위

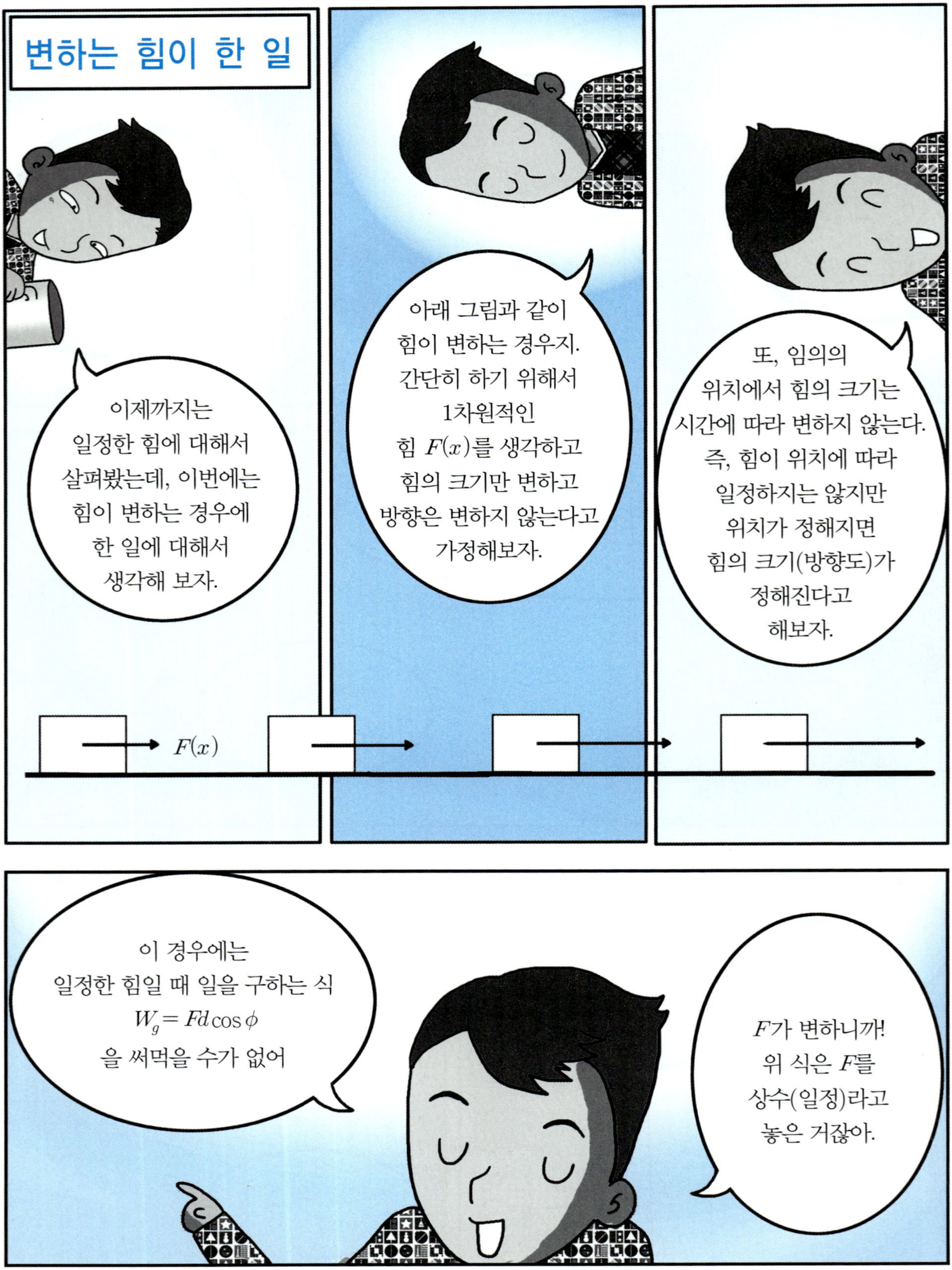

변하는 힘이 한 일
이제까지는 일정한 힘에 대해서 살펴봤는데, 이번에는 힘이 변하는 경우에 한 일에 대해서 생각해 보자.
아래 그림과 같이 힘이 변하는 경우지. 간단히 하기 위해서 1차원적인 힘 $F(x)$를 생각하고 힘의 크기만 변하고 방향은 변하지 않는다고 가정해보자.
또, 임의의 위치에서 힘의 크기는 시간에 따라 변하지 않는다. 즉, 힘이 위치에 따라 일정하지는 않지만 위치가 정해지면 힘의 크기(방향도)가 정해진다고 해보자.
$F(x)$
이 경우에는 일정한 힘일 때 일을 구하는 식 $W_g = Fd\cos\phi$ 을 써먹을 수가 없어
F가 변하니까! 위 식은 F를 상수(일정)라고 놓은 거잖아.

F(x)
0
x_i
x_f
x
힘의 곡선이 아래 그래프와 같다고 하고,
물체가 시작점 x_i에서 끝점 x_f까지 움직일 때 변하는 힘 F(x)가 한 일을 구해보자.
F(x)
0
x_i
x_f
x
Δ_x
이 경우에는 미적분을 사용해야 돼
우선 그래프를 무수히 많은 미소구간 Δx간격으로 나눠. 그리고 이 구간 내에서는 힘이 일정하다고 가정하는 거야.
잘게 자르는 것은 미분!

즉, 미소 구간 중 하나를 떼어내면, 사다리꼴과 유사한 모양이 되겠지? 이 구간에서는 힘이 평균값 F_{avg}로 일정하다고 놓는 거지.
F_{avg}
Δ_x
Δ_x
그러면 이 미소구간 Δx만큼 움직일 때 힘 F_{avg}가 한 일 ΔW는 $\Delta W = F_{avg}\Delta x$ 가 되겠지?
일=힘×변위
이와 같이 각 미소 구간에 대하여 한 일을 구한 다음 모두 더하면 총 한 일이 되는군요!
그렇지, 그렇지!
수학적으로 나타내면 j번째 미소구간 동안 한 일을 ΔW_j라고 하면
$\Delta W_j = F_{javg}\Delta x$
가 되고

전체 한 일 W는
시작점 x_i에서 끝점 x_f까지
미소구간 동안 한 일
$(\Delta W_j = F_{javg}\Delta x)$
을 모두 더하면 $(\sum)$되니까
$W = \sum_{xi}^{xf} \Delta W_j = \sum_{xi}^{xf} F_{javg}\Delta x$
가 되는군요!!
Δx를 무한히 작게 하면
그래프와 일치시킬 수 있겠지?
무한히 작게 하는 것을 극한이라고 하고,
수식으로는
$W = \lim_{\Delta x \to 0} \sum_{xi}^{xf} F_{javg}\Delta x$
이것이 적분의 정의야. 따라서
$W = \int_{xi}^{xf} F(x)dx$
변하는 힘이 한 일은
적분으로 구해야 하는구나!
기하학적으로는 시작점 x_i와 끝점 x_f 사이에서
곡선 $F(x)$가 x축과 만드는 면적이란다.
$F(x)$
0
x_i
x_f
x
적분의
기하학적 의미가
원래
면적이잖아요.

토막에 힘을 가하지 않은 상태
토막을 $\vec{x}$ 당겨 봐라
$\vec{F}$
변하는 1차원 힘의 예로서 스프링에 대해 생각해 보자.
스프링의 변위 $\vec{x}$는 가한 힘 $\vec{F}$에 비례하지?
따라서
$\vec{F} = k\vec{x}$
변위 x는 벡터
그런데 변위가 크면 클수록 잡아당겨야 하는 힘은 커지겠지?
변위에 따라서 가해야 하는 힘이 변하는군요!!
따라서 외력 F에 의해 한 일은 적분을 해야 돼.

스프링을 시작점 x_i에서 끝점 x_f까지 외력에 의해 늘어뜨린 경우 외력 $(F=kx)$이 한 일은
$W=\int_{x_i}^{x_f} F(x)dx=\int_{x_i}^{x_f} kx\,dx$
가 되는군요!!
$=k\left[\frac{1}{2}x^2\right]_{x_i}^{x_f}$
$=\frac{1}{2}kx_f^2-\frac{1}{2}kx_i^2$
k는 스프링 상수, k가 크면 탄성이 강해서 더 강하게 당기거나 밈. 단위는 N/m.
토막을 밀었을 때도 등일하게 외력이 변위에 비례하니까 외력이 한 일은 같은 결과를 얻게 된단다.
$\vec{x}$
$\vec{F}_s$
$\vec{F}$
이번에는 스프링의 복원력이 한 일에 대해서 생각해 보자. 스프링을 늘어뜨리면 복원력 $\vec{F}_s$에 의해 줄어들려고 하겠지?
$\vec{F}_s$
$\vec{x}$
$\vec{F}$
s : spring

스프링의 복원력 $\vec{F}_s$는
항상 변위 $\vec{x}$(토막이 이동한 방향)의
반대 방향으로 작용하겠지?
따라서
$\vec{F}_s = -k\vec{x}$
(−)부호가
반대 방향을 의미하는군요.
토막을 밀었을 때도
동일한 관계가 성립하겠군요.
(변위는 왼쪽, 복원력은 오른쪽 방향)
$\vec{x}$
$\vec{F}_s$
$\vec{F}$
$\vec{F}_s = -k\vec{x}$
이 식을 후크(Hooke)의
법칙이라고 한단다.

스프링의 복원력도 변위에 따라서 변하기 때문에 스프링의 복원력이 한 일도 적분을 해야 돼.
변위가 크면 클수록 복원력도 비례해서 커지는군요!
따라서 스프링이 시작점 x_i에서 끝점 x_f까지 복원력 $(F_s = -kx)$에 의해서 움직이는 경우의 한 일은
$W = \int_{x_i}^{x_f} F(x)dx = \int_{x_i}^{x_f} -kx\,dx$
가 되는군요!!
계산하면
$W = \int_{x_i}^{x_f} -kx\,dx = -k\left[\frac{1}{2}x^2\right]_{x_i}^{x_f} = \frac{1}{2}kx_f^2 - \frac{1}{2}kx_i^2$
만약 $x_i = 0,\ x_f = x$라면 $W_s = -(1/2)kx^2$
스프링의 복원력이 한 일 W_s는 외력이 한 일 W와 부호만 반대가 되는군요!
$W_s = -W$

이번에는 변하는 3차원 힘이 한 일에 대해서 생각해 보자. 물체에 작용하는 3차원 힘이 $\vec{F}= F_x\hat{i}+F_y\hat{j}+F_z\hat{k}$ 이고
간단히 하기 위하여 F_x는 x만의 함수, F_y는 y만의 함수, F_z는 z만의 함수라고 하자. 물체의 미소변위를 $\vec{dr}= dx\hat{i}+dy\hat{j}+dz\hat{k}$ 라고 하면
미소변위 동안에 이 힘이 물체에 한 일의 증가 dW는 $dW= \vec{F}\cdot\vec{dr} = F_xdx+F_ydy+F_zdz$
따라서 좌표가 (x_{j1}, y_{j2}, z_{j3})인 초기위치 r_j에서 좌표가 (x_{f1}, y_{f2}, z_{f3})인 최종위치 r_f까지 물체가 움직이는 동안에 이 힘이 한 일 W는
$W= \int_{x_i}^{x_f} dW = \int_{x_i}^{x_f} F_xdx+\int_{y_i}^{y_f} F_ydy+\int_{z_i}^{z_f} F_zdz$

일률
미라야, 아르바이트해서 시간당 얼마 버니?
예?
시간당 한 일을 일률이라고 한단다.
일률?
시간 간격 Δt 동안 W의 일을 한다면 평균일률은
P_avg = W/Δt
순간일률은 한 일의 순간변화율이므로
P = đW/dt

일률의 SI 단위는 J/S야.
J/s를 W(와트)라고 부르죠.
일의 단위가 J이니까, 시간 s로 나눈 J/s가 되는 거야.
J/s = W
한편, 일을 와트 단위를 써서 나타내면 뭐가 되겠니?
음, 일의 단위는 J인데 W(와트)는 J/s니까, J은 W · s네요.
그렇지, 그렇지! 일을 일률과 시간의 곱으로 나타낼 수 있지. 그런데 전기 요금 청구서에 나오는 것과 같이 보통 kW · h(킬로와트 시)를 사용한단다.
3476

1 kW · h = (10^3 W)
(3600 s) = 3.60×10^6 J
= 3.60 MJ (메가 줄)
이야.
또, 일률은
힘과 속도로 표기할 수도 있어.
예를 들어
x축 방향으로 움직이는 물체에
각도 ϕ방향으로
일정한 힘 F가 작용할 때
한 일 W는
$W = Fx\cos\phi$였지?
일률은
$P = dW/dt$
$= d(Fx\cos\phi)/dt$
$= F\cos\phi(dx/dt)$
여기서
$(dx/dt) = v$(속도)니까
$P = Fv\cos\phi$
벡터의
스칼라곱(내적)으로
나타내면
$P = \vec{F} \cdot \vec{v}$

퀴즈 1 질량 115.8톤의 비행기가 속력 990.5 km/h의 속력에 도달했을 때의 운동에너지를 줄(J)로 구하라.

답 운동에너지는 $(1/2)mv^2$, $1\ \mathrm{J} = 1\ \mathrm{kg \cdot m^2/s^2}$이므로 질량은 kg으로 속력을 m/s로 환산하여 대입,

질량 $m = 115.8\ \mathrm{ton} \times 1000\ \mathrm{kg/ton} = 1,158 \times 10^5\ \mathrm{kg}$.

속력 $v = (990.5\ \mathrm{km})(1000\ \mathrm{m/km})/\mathrm{h}(3600\ \mathrm{s/h}) = 275.1\ \mathrm{m/s}$대입하면,

$(1/2)(1,158 \times 10^5\ \mathrm{kg})(275.1\ \mathrm{m/s})^2 = 4,382 \times 10^9\ \mathrm{kg \cdot m^2/s^2} = 4,382 \times 10^9\ \mathrm{J}$

퀴즈 2

미라와 물리도사가 냉장고를 옮기고 있다.

미라는 수평방향 아래로 각도 20°, 힘 $\vec{F}_1 = 11.0\ N$으로 밀고 있으며, 물리도사는 수평방향 위로 각도 30°, 힘 $\vec{F}_2 = 15.2\ N$으로 당겨서, 처음에 정지해 있던 질량 70.5 kg의 냉장고를 변위 5.60 m 만큼 직선방향으로 이동시켰다. 냉장고가 움직이는 동안 힘의 크기와 방향은 변하지 않으며 냉장고와 바닥 사이에는 마찰이 없다고 가정한다.

(a) 냉장고가 움직이는 동안 미라와 물리도사가 한 알짜 일을 구하라.

(b) 냉장고가 움직이는 동안 중력과 수직(항)력이 한 일을 구하라.

(c) 냉장고가 변위 5.60m만큼 움직인 후의 속력을 구하라.

답

(a) 일 $W = Fd\cos\phi$, 미라가 한 일은 $(11.0\ N)(5.30\ \mathrm{m})\cos 20° = 57.9\ J$.

물리도사가 한 일은 $(15.2\ N)(5.60\ \mathrm{m})\cos 30° = 73.7\ J$.

미라와 물리도사가 한 일은 모두 양의 일이므로 알짜일은 두 일을 더하면 됨.

즉, $57.9\ J + 73.7\ J \approx 132\ J$.

(b) 중력이 한 일은 $mgd\cos 90° = 0$. 수직(항)력이 한 일은 $F_N d\cos 90° = 0$.

중력과 수직력은 냉장고가 움직이는 변위와 수직이므로 일을 하지 않음.

(c) 미라와 물리도사가 한 일이 냉장고의 운동에너지로 변환되므로, 따라서

$132\ J = (1/2)mv^2$. 질량 m에 70.5 kg 대입해서 속력 v를 구하면 $v = 0.612\ \mathrm{m/s}$

퀴즈 3 질량 400 kg의 승강기가 일정한 속력 3.5 m/s로 내려오다가 줄이 미끄러지면서 일정한 가속도 2.0 m/s^2으로 가속되었다.

(a) 승강기가 가속되면서부터 15 m를 내려오는 동안 중력이 한 일을 구하라.

(b) 15 m를 내려오는 동안 승강기를 위로 당기는 줄의 장력이 한 일을 구하라.

(c) 15 m를 내려오는 동안에 중력과 장력이 승강기에 한 알짜 일을 구하라.

(d) 15 m를 내려왔을 때의 승강기의 운동에너지를 구하라.

답 (a) 중력이 한 일은 $mgd\cos\phi$, $m = 400$ kg, $g = 9.8$ m/s, $d = 15$ m, $\phi = 0°$를 대입하면

$(400)(9.8)(15)(1) = 5.9 \times 10^4\ J$

(b) 승강기에 작용하는 모든 힘(알짜힘)은 아래 방향(+변위와 같은 방향)의 중력 $F_g = mg$와 위 방향(−)의 장력 T임. 따라서 뉴턴의 제2법칙을 적용하면

$$F = mg - T = ma$$

$$T = mg - ma$$

장력이 한 일은 $Td\cos\phi$, 따라서

$$Td\cos\phi = (mg - ma)d\cos\phi$$

$m = 400$ kg, $g = 9.8$ m/s^2, $a = 2.0$ m/s^2, $d = 15$ m, $\phi = 180°$를 대입하면

$$\{(400)(9.8) - (400)(2.0)\}(15)(-1) = -4.7 \times 10^4 J$$

(c) 중력과 장력이 한 일을 더하면 됨.

$$5.9 \times 10^4\ J - 4.7 \times 10^4\ J = 1.2 \times 10^4\ J$$

(d) 일-운동에너지 정리에 의하면

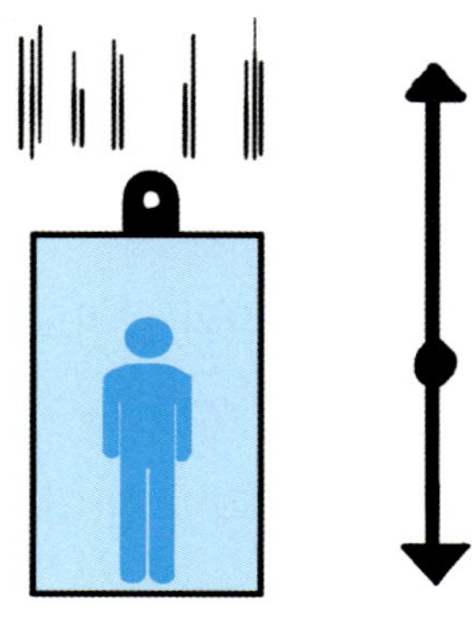

$$\Delta K = K_f - K_i = W$$

$$K_f = K_i + W$$

여기서 $K_i = (1/2)mv_i^2$

$$= (1/2)(400)(35)^2 = 2.5 \times 10^3\ J$$

$W = 1.2 \times 10^4\ J$ 대입하면

$$K_f = 2.5 \times 10^3\ J + 1.2 \times 10^4\ J$$

$$= 1.5 \times 10^4\ J$$

퀴즈 4 질량 0.15 kg의 아이스하키 퍽이 마찰이 없는 수평 얼음 바닥을 따라서 속력 28 m/s로 움직이다가 스프링 상수 650 N/m의 변위되지 않은 스프링에 부딪혀서 스프링이 압축되면서 순간적으로 멈추었을 때 스프링이 압축된 길이를 구하라.

답 일-운동에너지 정리에 의하면

$$\Delta K = K_f - K_i = W$$

그런데 스프링이 한 일 $W = -(1/2)kx^2$, $K_f = 0$ (왜냐하면 멈췄으니까, $v = 0$이므로)

$K_i = (1/2)mv_i^2$. 따라서

$$0 - (1/2)mv_i^2 = -(1/2)kx^2$$

이 식에 $k = 650$ N/m, $m = 0.15$ kg, $v = 28$ m/s를 대입하여 x를 구하면 됨.

$$x = 0.42 \text{ m} = 42 \text{ cm}$$

퀴즈 5

평평한 얼음판 위에 정지해 있는 테이블을 x^2의 힘으로 x축 방향으로 밀어 15 m 이동시켰을 때 한 일을 구하라. 테이블과 얼음판 사이의 마찰은 무시하라.

답

변하는 힘이 한 일은 적분해야 함. 초기 위치는 $x=0$, 나중 위치는 $x=15$ m이므로

$$\int_0^{15} x^2 = \left[\frac{1}{3}x^3\right]_0^{15} = (1/3)(15^3 - 0^3) = 1.1 \times 10^3\ J$$

퀴즈 6

정지해 있는 질량 50 kg의 책꽂이를 9.5 N의 일정한 힘으로 직선적으로 밀고 있다. 책꽂이와 바닥 사이의 마찰은 무시하라.

(a) 2초 동안에 한 일을 구하라.

(b) 2초 일 때의 힘의 순간 일률을 구하라.

답

(a) 일률 $P=dW/dt$, 따라서 일 $W=\int_{t_0}^{t} Pdt$. 그런데 $P=Fv\cos\phi$. 이 경우에는 변위와 힘의 방향이 같으므로 $\phi=0°$.

한편 뉴턴의 제2법칙에 의하면 $F=ma$, 따라서 $a=F/m$.

또한 등속도 운동의 기본 방정식에 의하면 $v=v_0+at$. 여기서 $v_0=0$(초기에 정지해 있으므로), 따라서 $v=(F/m)t$. 그러므로 $P=F(F/m)t=(F^2/m)t$.

적분에 대입하면

$$W=\int_{t_0}^{t}(F^2/m)tdt=\frac{1}{2}(F^2/m)(t^2-t_0^2)$$

여기에 $F=9.5\ N$, $m=50$ kg, $1=2$ s, $t_0=0$를 대입하면

$W=3.6\ J$

(b) 이 경우 일률은 (a)에서 이미 구했듯이 $P=(F^2/m)t$.

여기에 $F=9.5\ N$, $m=50$ kg, $t=2\ s$를 대입하면

$P=3.6\ W$(와트)

8. 에너지 보존

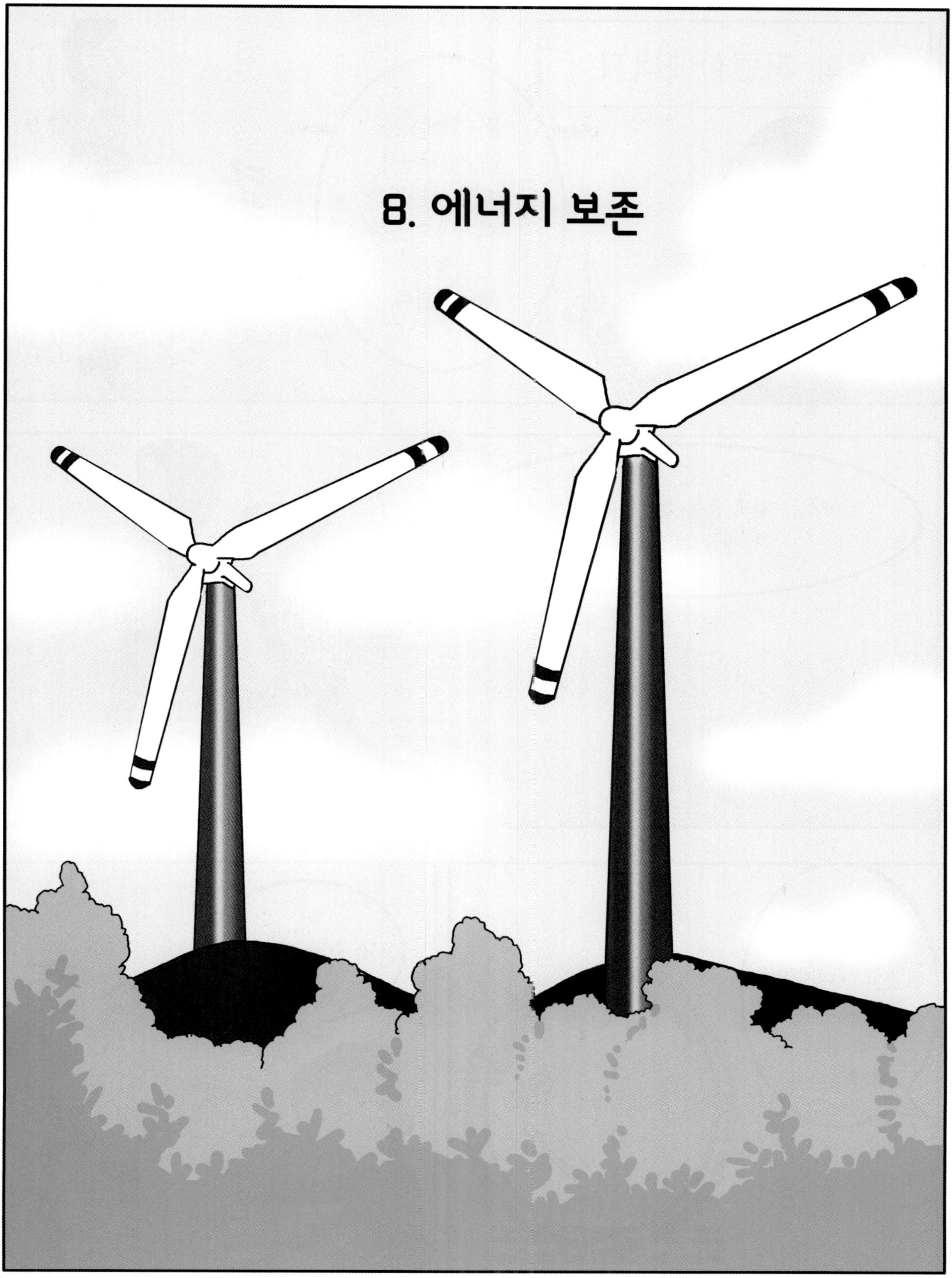

일과 퍼텐셜에너지
물리학에서는 일상생활에서 중요한 에너지를 저장하거나 사용하는 방법을 탐구한단다.
콩 콩 콩
앞에서는 일과 운동에너지 변화 사이의 관계를 설명했지?
이번에는 일과 퍼텐셜 에너지 변화 사이의 관계에 대해서 생각해보자.
자, 이 사과를 위로 던져봐.

사과가 위로 올라갈 때는 속도가 점점 감소하다가 최고점에서 영이 되겠지? 왜일까?
사과의 운동에너지가 중력 퍼텐셜(위치) 에너지로 변하기 때문이죠!
그렇지! 그러면 이때, 중력이 사과에 대하여 한 일 W은 양이겠니, 음이겠니?
사과의 속도, 즉 운동에너지를 감소시키니까 음이겠네요!

따라서 처음 위치에서 정점 사이의 중력 퍼텐셜에너지의 변화 ΔU는 이 사이에 중력이 한 일 W와 같으므로 $\Delta U = -W$ 가 되지.
사과가 떨어질 때는 반대로, 중력이 사과-지구계의 중력 퍼텐셜에너지를 사과의 운동에너지로 전환시키겠네요!
그렇지! 이때는 중력퍼텐셜에너지가 감소하므로 ΔU가 음이 되나, 중력이 한 일은 사과의 속도가 증가하므로 양이 되어 $-\Delta U = W$ 의 관계는 그대로 성립한단다.
따라서 퍼텐셜에너지의 변화는 중력이 한 일의 음의 값과 같다고 정의한단다. $\Delta U = -W$

앞의 식 $\Delta U = -W$ 는 토막-스프링계에도 적용할 수 있어
토막을 왼쪽으로 밀면 스프링 힘이 오른쪽으로 작용하겠지?
F_s
이때는 스프링 힘이 토막에 음의 일을 하여 토막의 운동에너지를 스프링의 탄성 퍼텐셜에너지로 전환시키겠네요.
따라서 토막은 점점 느리게 움직이다가 멈추게 되겠지. 그러나 스프링 힘은 계속 오른쪽으로 작용하므로 토막은 오른쪽으로 다시 움직이기 시작하는 거야.
F_s
이번에는 에너지 전환이 반대로 일어나서 스프링의 탄성 퍼텐셜에너지가 토막의 운동에너지로 전환되는군요!
아하~♪

보존력과 비보전력
앞의 사과-지구계와 같이 사과가 올라갈 때 중력이 사과에 한 일 W_1과 사과가 내려올 때 중력이 사과에 한 일 W_2 사이에 $W_1 = -W_2$ 의 관계가 항상 성립할 때 작용하는 힘(중력)을 보존력이라고 한단다.
토막-스프링계에서도 이 관계가 항상 성립하니까 스프링력도 보존력이겠군요.
보존력일 때에만 퍼텐셜에너지라는 말을 쓴단다.
중력 퍼텐셜에너지, 탄성 퍼텐셜에너지

한편, 보존되지 않는 힘을 비보존력이라고 하는데, 운동마찰력과 항력은 비보존력이야.
예를 들어 마찰이 있는 마루 위에서 토막을 미끄러뜨릴 때, 마루에 의해 작용하는 운동마찰력은 토막에 음의 일을 하여 토막의 운동에너지가 열에너지로 변하면서 토막의 속력은 점점 느려지지?
그러나 이 경우에는 반대 방향으로의 에너지 전환, 즉 열에너지를 토막의 운동에너지로 전환시킬 수는 없군요!
따라서 운동마찰력은 비보존력이야. 그러니까 열에너지는 퍼텐셜에너지가 아니야.

경로와 무관한 보존력
어떤 힘이 보존력인지 비보존력인지 확인하는 방법은 뭔가요?
닫힌 경로를 따라 움직이는 입자에 힘이 작용하여 초기 위치로 되돌아오는 왕복 운동을 하는 동안에, 입자에 전달해 주거나 입자로부터 전달받는 총에너지가 영인 경우에는 보존력이야.
즉, 모든 닫힌 경로를 따라 운동하는 입자에 보존력이 한 알짜 일은 영이지.
중력 퍼텐셜에너지가 이 조건을 만족하는지 살펴보자. 앞의 사과-지구계를 다시 한번 생각해 보자꾸나.

사과의 초기속력이 v_0라면 사과는 운동에너지 $\frac{1}{2}mv_0^2$의 운동에너지를 가지고 출발점을 떠나겠네요.
사과에 작용하는 중력은 사과를 느리게 하여 정지시킨 후에 다시 떨어지게 하지?
중력
사과가 원래의 위치로 되돌아 올 때는 초기속력과 같은 속력이 되어 운동에너지 $\frac{1}{2}mv_0^2$을 다시 얻게 되겠군요.
따라서 중력은 사과가 올라가는 동안에 사과로부터 받은 만큼의 에너지를 내려오는 동안에 사과에 되돌려 주는 거지.

따라서
사과의 왕복운동 중에
중력이 사과에 한 알짜 일은
영이군요!
끄덕
끄덕
한편 두 점 사이에서
움직이는 입자에
작용하는 보존력이 한 일은
움직인 경로에 무관해!
입자가 점 a에서 점 b로 운동할 때
보존력만 작용한다면
경로 1을 따라가던지 경로 2를 따라가던지
보존력이 입자에 한 일은 같지.
1
a
b
2
보존력이 한 일은
경로에 의존하지
않는군요.

퍼텐셜에너지 구하기
앞의 일과 퍼텐셜에너지에서 일 W, 그리고 퍼텐셜에너지 변화 ΔU 사이에는 $\Delta U = -W$ 관계가 있다는 것을 배웠지?
한편 위치에 따라서 변화하는 힘이 한 일 W는 앞에서 배운 대로 다음과 같이 주어진단다.
$W = \int_{x_i}^{x_f} F(x)dx$
따라서 퍼텐셜에너지의 변화 ΔU는
$\Delta U = \int_{x_i}^{x_f} F(x)dx$
이 식이 보존력과 퍼텐셜에너지 간의 일반적인 관계식이다.
자 이제 중력 퍼텐셜에너지를 구해보자. 질량 m의 입자가 y축을 따라서 움직인다고 하자.
y축(위 방향을 양의 방향으로 잡음)
m

y_f
$\vec{F}_g$
y_i
입자가 점 y_i에서 점 y_f로 움직이는 동안에 중력 $\vec{F}_g$가 일을 하겠지?
앞의 식을 이용하면 될 텐데, 이 경우에는 중력이 y축 방향으로 작용하므로 x축 대신에 y축을 따라서 적분하고, 중력의 크기는 mg인데 y축의 아래 방향이므로 $-mg$를 대입하면 되겠네요.
$\Delta U = -\int_{y_i}^{y_f}(-mg)dy = mg\int_{y_i}^{y_f}dy = mg[y]_{y_i}^{y_f}$
따라서
$\Delta U = mg(y_f - y_i)$
점 y_i에서의 중력퍼텐셜에너지를 U_i라고 하고, 점 y_f에서의 중력퍼텐셜에너지를 U라고 하면 이 식은 다음과 같이 쓸 수 있지.
$\Delta U = U - U_i = mg(y_f - y_i)$

여기서 U_i를 기준점 y_i에 있을 때의 중력퍼텐셜에너지라고 할 수 있는데, 보통 기준값으로 $U_i = 0$, $y_i = 0$를 잡으므로, 대입하면 $U - 0 = mg(y_f - 0)$
y_f를 그냥 y라고 놓으면
$u(y) = mgy$
이것이 중력퍼텐셜 이야!
이 결과로부터
입자-지구계와 관련된 중력퍼텐셜에너지는 기준위치에 대한 상대적인 수직높이에만 의존하며 수평위치와는 무관하다.
는 것을 알 수 있지!
수직높이에 mg를 곱한 것이 중력퍼텐셜에너지군요!
높이를 h라고 하면 mgh

다음으로
탄성퍼텐셜에너지를 구해보자.
토막이 점 x_i에서 점 x_f로 운동하는 동안에
스프링 힘 $\vec{F}_s = -k\vec{x}$는
토막에 일을 하겠지?
$\vec{F}_s$
x_i
x_f
$\vec{x}$
$\vec{F}$
k : 스프링 상수
일과 퍼텐셜에너지 변화 간의 관계식
$\Delta u = -\int_{x_t}^{x_f} F(x)dx$
에 $F(x)$ 대신에 $F_s = -kx$를 대입하면
$\Delta U = -\int_{x_i}^{x_f}(-kx)dy$
$= k\int_{x_i}^{x_f} xdx$
$= \frac{1}{2}k\left[x^2\right]_{x_i}^{x_f}$
$= \frac{1}{2}kx_f^2 - \frac{1}{2}kx_i^2$

그러니까 점 x_f와 점 x_i에서의 퍼텐셜에너지 U_f, U_i,는 각각
$\frac{1}{2}kx_f^2$와 $\frac{1}{2}kx_i^2$
가 되겠군요.
따라서 점 x에서의 탄성 퍼텐셜에너지 u는
$u = (1/2)kx^2$
가 되는군요.
아하~♪
보통 초기위치 x_i를 평형위치(스프링에 힘이 가해지지 않았을 때의 위치)로 잡고 이것을 원점으로 잡으므로 $x_i = 0$ 따라서 $U_i = 0$이란다.
기준점에서의 퍼텐셜에너지는 영

역학에너지의 보존
mec: mechanical, 역학의
계
$E_{mec} = U + K$
어떤 계의 역학에너지 E_{mec}은 퍼텐셜에너지 U와 운동에너지 K의 합!
보존력만이 작용하여 계의 에너지를 전환시킨다고 가정하자.
비보존력 (마찰력, 항력 등)은 없다고 가정
또 계는 외부와 고립되어 있다고 가정.
즉, 계 내부의 에너지에 변화를 일으키는 어떤 외력도 없음.
자, 이제 보존력이 계의 내부에 있는 물체에 일 W를 하면, 이 물체의 운동에너지는 그만큼 증가하겠지?
즉, $\Delta K = W$
계
F

이때의 퍼텐셜에너지의 변화 ΔU는, 앞에서 배운 것과 같이
$\Delta U = -W$
이겠군요.
따라서
$\Delta K = -\Delta U$
그러므로
$K_2 - K_1 = -(U_2 - U_1)$
$K_2 + U_2 = K_1 + U_2$
(한 상태의 K와 U의 합)=
(다른 상태의 K와 U의 합)
보존력만이 작용하는 고립된 계에서, 운동에너
지와 퍼텐셜에너지는 변할 수 있으나, 그 합인
계의 역학에너지는 변하지 않는다.
역학에너지의 보존원리!
보존력이라는 말은 여기서 유래한 것이구나!
또 이것은 이렇게도 쓸 수 있겠네.
$E_{mec} = \Delta K + \Delta U = 0$

뉴턴의 법칙만으로
풀기 어려운 역학문제들을
역학에너지 보존원리를 이용하면
쉽게 풀 수 있기도 하지.
계의 역학에너지가 보존되면 한 순간의 운동에너지와 퍼텐셜에너지의 합은 다른 순간의 합과 같게 놓을 수 있다. 이때 운동의 중간 과정이나 운동과 관련된 힘이 한 일은 생각하지 않아도 된다.
이것을
진자에
적용해 보자.
최고점
최저점
최고점
진자의 추가 흔들림에 따라서
진자-지구계의 에너지는,
운동에너지와 중력 퍼텐셜에너지 사이를 번갈아
가면서 전환되지만,
두 에너지의 합은 항상 같겠네요!

따라서
추가 최고점에 있을 때의
중력 퍼텐셜에너지를 알고 있으면
최저점에서의 운동에너지를
알 수 있지!
예를 들어
최저점을 기준점으로 생각하여
최저점의 중력 퍼텐셜에너지를
0이라고 잡고,
최고점의 퍼텐셜에너지는
이에 대하여
20 J이라고 가정해보자.
으쓱
으쓱
최고점에서는
순간적으로 멈추므로
운동에너지는 0이겠네요.
따라서 두 에너지의 합은 20 J+0 J=20 J.
한편 최저점에서는 퍼텐셜에너지가
0이니까 이것에 운동에너지를
더한 것이 20 J이 되어야 하므로
운동에너지가 20 J
이네요!

이번에는 퍼텐셜에너지 변화로부터 힘을 구해보자 $\Delta U = -W$인데, $W = F(x)\Delta x$이므로, $\Delta U = -F(x)\Delta x$
1차원 x축 운동이라고 가정
$F(x)$
x
따라서 $F(x) = -(\Delta U/\Delta x)$ 미분 극한을 취하면 $F(x) = -\lim_{\Delta x \to 0} \frac{\Delta U}{\Delta x} = -\frac{dU}{dx}$
퍼텐셜에너지를 미분하면 힘이 된다!
예를 들어, 탄성 퍼텔셜에너지 $U = (1/2)kx^2$에 적용하여 이것을 미분하면 $F(x) = -kx$ (스프링력, 후크의 법칙)을 얻네요.
중력 퍼텐셜에너지 $U = mgx$에 적용하여 이것을 미분하면 $F(x) = -mg$ (중력)이 얻어지네요.
호호
호호...

중립적 평형상태
되돌이 점
수평 테이블 위의 구슬

불안정한 평형상태

안정한 평형상태
반구 모양의 그릇
바닥에 있는 구슬
라고 한단다.

외력이 계에 한 일
이번에는 고립된 계에서 벗어나서, 외력이 계에 작용하는 경우를 생각해보자.
F
계
앞에서 일-운동에너지 정리를 배운 것 생각나니? 거기서는 일이 운동에너지로만 변했지만, 일반적으로는 일이 퍼텐셜에너지로도 변할 수 있단다.
정지해 있던 사과를 들어 올리는 일을 해봐. 운동에너지와 퍼텐셜에너지가 모두 변하지?

따라서
$W = \Delta K + \Delta U$
$= \Delta E_{mec}$가 되지.
사과-지구계에 외력이 작용하여 일을 한 경우
이것은 마찰이 없을 경우이고
마찰이 있으면,
해 준 일이 역학에너지를 변화시킬 뿐만 아니라
마찰에 의한 열도 발생시킨다.
열
따라서,
마찰이 있을 경우에는
$W = \Delta K + \Delta U + \Delta E_{th}$
가 되는 거지.
th: thermal, 열의
$\Delta E_{th} = f_k d$
(마찰력×이동거리)
으쓱
으쓱

에너지 보존
이와 같이 역학에너지 이외의 열에너지 등도 고려하면, 역학에너지 보존법칙은 보다 일반적인 에너지 보존법칙으로 확장할 수 있단다.
고립계에서는 총에너지 E가 보존된다고 해야겠네요!
말을 바꾸면 총에너지의 변화는 영, $\Delta E = 0$
으쓱
으쓱
에너지에는 역학에너지, 열에너지, 내부에너지가 있단다. 식으로 쓰면, $\Delta E = \Delta E_{mec} + \Delta E_{th} + \Delta E_{int} = 0$
내부에너지(internal energy)가 뭐죠?
뒤에서 설명할거야.

따라서
고립계에서 한 순간의 총에너지는 다른 순간의 총에너지와 같다. 이때 그 사이의 에너지는 고려하지 않아도 된다.
고립계가 아니라면 물론 외부로부터 에너지가 들어오거나 외부로 나갈 수 있겠지? 에너지는 일을 통해서 전달되므로,
헉 헉 헉
일 W가 계에 들어오거나 나간다면 총에너지에는 변화(ΔE)가 생길 텐데, 이것은 일 W와 같지.
즉, $W = \Delta E$
$= \Delta E_{mec} + \Delta E_{th} + \Delta E_{int}$
이 경우에는 총에너지 변화 ΔE가 영이 아니구나!
내부에너지가 뭐냐고 물었지? 내부에너지는 자동차 내부의 연료, 인체 내부의 근육에너지 등을 말한단다.

앞에서 일률을 힘이 한 일의 시간변화($P=dW/dt$)로 정의했는데, 일을 통해서 에너지가 전달된다는 것을 배웠으니까 일률의 정의를 확장해 보자꾸나.
일률 P는 힘이 작용하여 에너지가 한 형태에서 다른 형태로 전달되는 시간변화율이라고 정의할 수 있어.
따라서 에너지 ΔE가 시간 Δt 동안에 전달된다면 힘의 평균 일률은 $P_{avg}=\Delta E/\Delta t$
순간 일률은 $P=dE/dt$

퀴즈 1 그림과 같이 미라가 점 a에서 점 b로 마찰이 없는 트랙을 따라 스케이트보드를 타고, 전체 거리 5.3 m, 수직거리 1.2 m 이동했을 때 중력이 스케이트보드를 탄 미라에 한 일을 구하라. 단, 스케이트보드와 미라를 합한 질량은 55 kg이다.

답 트랙 경로를 따라서 중력이 한 일은 일에 관한 일반적인 식 $W = mgd\cos\phi$를 사용하여 계산할 수 없다. 왜냐하면 힘과 변위 사이의 각 φ가 변하기 때문이다. 중력이 보존력이어서 한 일은 경로와 무관하므로 간단한 다른 경로를 생각해서 구한다. 즉, 점 a에서 점 b까지 수평으로 이동한 후 수직으로 이동한 경로를 생각하면, 수평으로 이동했을 때는 중력이 한 일은 영이고(왜냐하면 ϕ가 90도 이므로), 수직으로 이동했을 때 한일은

$$W = mgd\cos\phi = (55\ \text{kg})(9.8\ \text{m/s}^2)(1.2\ \text{m})\cos 0°$$
$$= 646.8\ J \approx 650\ J$$

퀴즈 2

질량 0.2 kg의 사과가 지상 8.0 m 높이의 사과 나뭇가지에 매달려 있다.

(a) 기준점을 (1) 지면, (2) 지상 3.0 m, (3) 나뭇가지, (4) 나뭇가지 위 2.0 m로 잡을 때 사과-지구계의 중력 퍼텐셜에너지를 구하라.

(b) 사과가 지면으로 떨어졌을 때 각 기준점에 대하여 사과가 떨어지는 동안의 사과-지구계의 퍼텐셜에너지 변화를 구하라.

답

(a) 퍼텐셜에너지 U는 $U=mgy$이다. 따라서 (1)의 경우에는 $y=8.0$ m이므로

$$U=(0.2\ \text{kg})(9.8\ \text{m/s}^2)(8.0\ \text{m})=15.68\ J\approx 16\ J$$

(2)의 경우에는 $y=5.0$ m이므로

$$U=(0.2\ \text{kg})(9.8\ \text{m/s}^2)(5.0\ \text{m})=9.8\ J$$

(3)의 경우에는 $y=0.0$ m이므로

$$U=(0.2\ \text{kg})(9.8\ \text{m/s}^2)(0.0\ \text{m})=0\ J$$

(4)의 경우에는 $y=-2.0$ m이므로

$$U=(0.2\ \text{kg})(9.8\ \text{m/s}^2)(-2.0\ \text{m})=-3.92\ J\approx -3.9\ J$$

(b) 퍼텐셜에너지의 변화는 기준점의 선택과는 무관하게 높이의 변화에만 의존한다. 네 경우 모두 높이의 변화는 -8.0 m이므로,

$$\Delta U=mg\Delta y=(0.2\ \text{kg})(9.8\ \text{m/s}^2)(-8.0\ \text{m})=-15.68\ J\approx -16\ J$$

퀴즈 3 미라가 스키를 타고 마찰이 없는 슬로프를 내려온다. 미라와 스키를 합한 질량이 54 kg이고, 슬로프의 높이가 9.0 m일 때 미라가 슬로프 밑에 도달하는 순간의 속력을 구하라.

답 슬로프 밑을 기준점으로 잡으면 슬로프 위에서의 중력 퍼텐셜에너지는

$$U = mgh = (54\ \text{kg})(9.8\ \text{m/s}^2)(9.0\ \text{m})$$
$$= 4762.8\ J \approx 4700\ J$$

한편 운동에너지는 속력이 영이므로 영이다.

따라서 슬로프 위에서의 역학에너지는

$$\text{퍼텐셜에너지} + \text{운동에너지} = 4700\ J + 0\ J = 4700\ J$$

이다. 슬로프 밑에서도 역학에너지는 보존된다.

이때는 퍼텐셜에너지는 영(기준점이므로)

이고 퍼텐셜에너지가 운동에너지로 전환되어 운동에너지만을 갖게 된다.

따라서

$$4700\ J = (1/2)mv^2 = (0.5)(54\ \text{kg})v^2$$

에서 v를 구하면 $v \approx 13\ \text{m/s}$

퀴즈 4 미라가 강의실 바닥에서 질량 20 kg의 교탁을 크기 30 N의 일정한 수평력으로 밀어서 1.2 m 이동시켰다. 교탁의 속력은 처음에 영이었다가 1.2 m이동 후에는 1.6 m/s가 되었다.

(a) 수평력이 한 일을 구하라.

(b) 교탁과 바닥 사이의 열에너지 증가의 크기는 얼마인가?

답

(a) 작용하는 힘이 일정하고 힘과 변위의 방향이 같으므로 $W = Fd\cos\phi$ 식을 사용한다.

$$W = Fd\cos\phi = (30\ N)(1.2\ \mathrm{m})\cos 0° = 36\ J$$

(b) 마찰이 없다는 말이 없으므로 교탁과 바닥 사이에는 마찰이 작용한다. 마찰이 있는 계에서는

$$W = \Delta E = \Delta E_{mec} + \Delta E_{th}$$

이다.(내부 에너지가 변화되었다는 말은 없으므로 내부 에너지의 변화는 영으로 생각하지 않아도 된다.) 여기서, 교탁이 동일한 높이에서 움직였으므로 퍼텐셜에너지의 변화는 없고, 역학에너지의 변화 ΔE_{mec}은 운동에너지의 변화와 같다. 따라서

$$\begin{aligned}\Delta E_{mec} &= (1/2)mv^2 - (1/2)mv_0^2 \\ &= (0.5)(20\ \mathrm{kg})(1.6)^2 - (0.5)(20\ \mathrm{kg})(0)^2 \\ &= 25.6\ J \approx 26\ J\end{aligned}$$

이것을 위 식에 대입하면

$$W = 36\ J = \Delta E_{mec}(= 26\ J) + \Delta E_{th}$$

로부터

$$\Delta E_{th} = 10\ J$$

을 얻는다.

퀴즈 5

질량 50 kg의 미라가 운동장에서 달려오다가 앞에 설치되어 있는 대형 스프링을 발견하여 정지하려고 3.0 m/s의 속력으로 스프링 앞 5 m 지점에서부터 운동자 바닥을 미끄러지고 있다. 미라는 스프링과 부딪혀서 순간적으로 멈출 때까지 스프링을 압축한다. 미라와 운동장 바닥 사이에는 운동마찰력 12 N이 작용한다. 스프링 상수가 5,000 N/m일 때 미라가 멈출 때까지 스프링이 압축된 거리를 구하라.

답

에너지 보존법칙을 적용한다. 처음 상태의 총에너지인 미라의 운동에너지가 미라와 바닥 사이의 열에너지와 압축된 스프링의 탄성 퍼텐셜에너지로 변환된다. 처음 상태의 에너지는 미라의 운동에너지뿐이므로

$$(1/2)mv_0^2 = (0.5)(50\ \text{kg})(3.0)^2 = 230\ J$$

미라와 바닥 사이의 열에너지는 (마찰력)×(미라가 이동한 거리)이다. 마찰력은 12 N으로 주어졌고, 미라가 이동한 거리는 스프링이 압축된 거리를 d라고 하면 $(5+d)m$이다. 따라서 열에너지는

$$(12\ N)(5+d)\ \text{m}$$

압축된 스프링의 탄성에너지는

$$(1/2)kd^2 = (1/2)(5000\ N/\text{m})d^2$$

이 두 에너지를 더한 것이 처음 상태의 운동에너지와 같으므로

$$230\ J = (12)(5+d)\ J + (1/2)(5000)d^2\ J$$

d에 관해서 근의 공식을 이용하여 이차방정식을 풀면

$$d = 0.16\ \text{m} = 16\ \text{cm}$$

고전영화 이야기톡톡

9. 질량 중심과 선운동량

질량 중심

곤봉과 같이
여러 입자가 모여 있는
물체의 운동은
하나의 입자로 기술할 수 없어.
왜냐하면 곤봉의 각 부분이
제각기 다른 경로로
움직이기 때문이야.
탁 탁 탁

이제까지는
물체를 한 점의 입자라고
생각했는데,
네가 던진 곤봉은
실제로는 여러 입자들이
모여 있는 물체지?

그러나 자세히 보면 곤봉의 질량 중심이라는 특별한 점은 간단한 포물선 경로를 따라 움직이는 것을 알 수 있단다.
질량 중심
곤봉의 다른 부분들은 질량 중심 주위로 움직이지.
곤봉의 질량 중심은 어딘가요?
손가락에 올려놓을 때 중심이 잡히는 점이야.
곤봉과 같이 복잡한 물체의 운동을 기술할 때는 이 질량 중심을 이용한단다.

질량 중심
질량 중심이란 모든 질량이 그 점에 모여 있고, 외력이 모두 그 점에 작용하는 것처럼 움직이는 특별한 점을 말하지.
질량이 m_1, m_2인 두 입자가 각각 좌표 x_1과 x_2에 있다고 하자.
좌표를 이렇게 잡으면
m_1 m_2
0 x_1 x_2 x
이 두 입자의 질량 중심의 좌표 x_{com}은
$x_{com} = \frac{m_1 x_1 + m_2 x_2}{m_1 + m_2}$
com : Center of Mass (질량 중심)
만약 $m_2 = 0$이라면 질량 m_1의 입자만 있으므로 질량 중심은 그 입자의 위치(x_1)와 일치해야 하겠지?
실제로 이 식에 $m_2 = 0$를 대입하면 $x_{com} = x_1$을 얻게 되는군요.

또, $m_1 = 0$이면,
질량 m_2의 입자만 존재할 테니까,
질량 중심의 좌표는
이 입자의 위치(x_2)와
같아야 되겠네요.
$m_1 = 0$를 대입하면
$x_{com} = x_2$가 되는군!
$m_1 = m_2$이면
어떻게 되겠니.
두 입자의
질량이 같으니까
질량 중심은
두 입자의 중간에 있겠죠!
앞의 식을
n개의 입자가 x축 위에 놓여 있는
일반적인 경우로 확장하면
$x_{com} = \dfrac{m_1x_1 + m_2x_2 + \cdots + m_nx_n}{m_1 + m_2 + \cdots + m_n}$
여기서
$m_1 + m_2 + \cdots + m_n = M$
이라 놓고,
$\sum$를 사용하면
$x_{com} = \dfrac{1}{M}\sum_{i=1}^{n} m_ix_i$
M은
계의 총질량

입자들이 3차원으로 분포되어 있다면 질량 중심은 3개의 좌표로 나타내야 하므로
$x_{com} = \frac{1}{M}\sum_{i=1}^{n} m_i x_i$
$y_{com} = \frac{1}{M}\sum_{i=1}^{n} m_i y_i$
$z_{com} = \frac{1}{M}\sum_{i=1}^{n} m_i z_i$
이번에는 질량 중심을 벡터로 표기하기 위하여, i번째 입자의 위치를 x_i, y_i, z_i좌표를 이용하면, 이 입자의 위치벡터는 $\vec{r}_i = x_i\hat{i} + y_i\hat{j} + x\hat{k}$
$\hat{i}$, $\hat{j}$, $\hat{k}$는 x, y, z축의 단위 벡터
마찬가지로 3차원 입자계의 질량 중심의 위치벡터는
위 식을 대입하면
$\vec{r}_{com} = x_{com}\hat{i} + y_{com}\hat{j} + z_{com}\hat{k}$
$= \frac{1}{M}\sum_{i=1}^{n} m_i x_i \hat{i} + \frac{1}{M}\sum_{i=1}^{n} m_i y_i \hat{j}$
$+ \frac{1}{M}\sum_{i=1}^{n} m_i z_i \hat{k} = \frac{1}{M}\sum_{i=1}^{n} m_i (x_i\hat{i} + y_i\hat{j} + z_i\hat{k})$
$= \frac{1}{M}\sum_{i=1}^{n} m_i \vec{r}_i$
벡터방정식

곤봉과 같은 물체는 수많은 입자로 이루어져 있으므로, 물질이 연속적으로 분포되어 있다고 생각할 수 있어.
이와 같은 고체의 경우에는, 앞의 입자계에서 각 입자 하나하나에 대하여 불연속적인 합을 구하기 위해 사용 한도를 쭉 늘어뜨려서 ∫로 바꿔야 하지!
∫ 즉 적분은 연속적인 합
그러면
$x_{com} = \frac{1}{M}\int x\,dm$
$y_{com} = \frac{1}{M}\int y\,dm$
$z_{com} = \frac{1}{M}\int z\,dm$
이 되는 거야.
M은 고체 (물체) 의 질량
일반적인 물체 (자동차나 컴퓨터 등)는 균일하지 않기 때문에 이 적분은 계산하기가 매우 어렵단다.
그러면 균일한 물체에 대해서만 생각해 보죠 뭐.

물체가 균일하면 밀도, 즉 단위부피당 질량이 모든 점에서 같고, 그 값은
$\rho = \frac{dm}{dV} = \frac{M}{V}$
dV는 질량 요소인 dm이 차지하는 부피 V는 물체 전체의 부피
이 식으로부터 $dm = (M/V)dV$, 이 것을 위의 식에 대입하면
$x_{com} = \frac{1}{V}\int x\,dV$
$y_{com} = \frac{1}{V}\int y\,dV$
$z_{com} = \frac{1}{V}\int z\,dV$
중심 잘 잡죠.
무게중심이라는 말은 들어 봤는데 질량 중심은 무게중심과 어떻게 다른가요?
평균대

무게는
지구를 잡아당기는 힘이야.
예를 들어 네 몸무게는
지구가 너를 잡아당기는
힘이지
몸무게 재봐야지.
저울
네 질량이 50 kg이라면
네 몸무게는 50 kg×g가 되지
g: 중력
가속도
만약에
중력이 일정하다면
무게중심은 질량 중심과
일치한단다.
보통은
중력이 일정하다고 생각하니까
같은 거라고 생각하면
되겠네!

입자계에 대한
뉴턴의 제2법칙
와! 불꽃놀이다.
불꽃놀이용 폭죽은 포물선 경로를 따라서 날아가다가 어떤 곳에서 폭발하여 수많은 파편으로 쪼개지지?
이 파편들 (입자계)은 어떤 경로로 날아가겠니?
글쎄요.

공기의 저항을 무시하면, 파편들의 질량 중심은 폭죽이 폭발하지 않았을 경우에 지나갈 경로를 따라 운동한단다.
즉, 포물선 경로
폭발력은 폭죽에 내재된 내력이지만 뉴턴의 제3법칙(작용-반작용 법칙)에 의해 상쇄되므로 파편들에는 외력만 작용하지.
폭발
펑
파편
반작용
작용
파편
폭발 후
외력
이 경우는 중력
따라서 파편들과 같은 입자계에 뉴턴의 제2법칙 $F_{net} = m\vec{a}$를 적용하면 질량 중심의 가속도 $\vec{a}_{com}$을 이용하며
$F_{net} = M\vec{a}_{com}$
벡터 방정식 성분으로 나타내면
$F_{net}, x = Ma_{com}, x$
$F_{net}, y = Ma_{com}, y$
$F_{net}, z = Ma_{com}, z$
벡터 방정식

선운동량
너랑 나랑 같은 속도로 뛰면 누가 더 운동량이 크겠니.
질량이 큰 도사님이 더 크겠죠.
헉
헉
헉
헉
헉
헉
그래서 운동량 $\vec{p}$는 질량×속도, 즉 $\vec{p}=m\vec{v}$ 로 정의한단다.
운동량은 벡터
속도와 같은 방향

이 운동량은 선운동량이라 부르지. 뒤에 회전과 관련된 각운동량과 구별하기 위해서야.
뉴턴의 제2법칙이 뭐였지?
$F_{net} = m\vec{a}$지요
각속도 $\vec{a}$는 속도 $\vec{v}$를 미분한 것이니까
$\vec{a} = \frac{d\vec{v}}{dt}$
이것을 대입하면
$\vec{F}_{net} = m\frac{d\vec{v}}{dt}$
질량이 일정하다면
$\vec{F}_{net} = \frac{dm\vec{v}}{dt} = \frac{d\vec{p}}{dt}$
$\vec{p} = m\vec{v}$니까

이 식을 말로 쓰면 선운동량의 시간변화율은 입자에 작용하는 알짜힘과 같다!
우선, 하나의 입자에 대해 생각하고 나중에 입자계에 대해 생각해 보자꾸나.
말을 바꾸면, 입자에 작용하는 알짜 외력이 선운동량을 바꾼다는 뜻이군요.
그렇지! 반대로 외력이 없으면 선운동량은 변하지 않는다는 거야.
이제 n개의 입자로 이루어진 입자계에 대해서 선운동량을 생각해보자.
이 경우에는 전체 선운동량 $\vec{p}$의 벡터합이겠네요.
선운동량은 벡터니까.

즉,
$\vec{P} = \vec{p}_1 + \vec{p}_2 + \cdots + \vec{p}_n$
$= m_1\vec{v}_1 + m_2\vec{v}_2 + \cdots + m_n\vec{v}_n$
이것을 질량 중심의 속도 $\vec{v}_{com}$을 이용해서 쓰면
$\vec{P} = M\vec{v}_{com}$
질량 중심은 전체질량 M이 이 점은 모여 있다고 생각하는 점이니까, 이 점의 속도를 곱한 거군요!
이 식을 시간으로 미분하면
$\frac{d\vec{P}}{dt} = M\frac{d\vec{v}_{com}}{dt} = M\vec{a}_{com} = \vec{F}_{net}$
따라서, 입자계의 경우에는 전체 선운동량 $\vec{p}$를 이용하면, 단일입자의 경우와 유사한 식이 되지!
$\vec{F}_{net} = \frac{d\vec{P}}{dt}$

충돌과
충격량
퍽
미라야, 같은 힘으로 때릴 때
빨리 때리고 빼는 잽과
묵직하게 때리는 스트레이트 중에
어느 것이 더 충격이 크겠니?
잽 < 스트레이트
탁 탁
탁·탁·탁
쾅
당근, 스트레이트죠.
충돌할 때 가해지는 힘을
모두 더한 것을
충격량이라고 부른단다.
잽
스트레이트
F
t
t_i
t_f
t_i : 충돌시작 시각
t_f : 충돌완료 시각

충돌힘은 보통 충돌하는 동안 시간에 따라서 연속적으로 변하므로, 모두 더하기 위해서는 적분(연속적인 합)을 해야 되지!
즉, $\vec{J} = \int_{t_i}^{t_f} \vec{F}(t)dt$
충격량
기하학적으로는 적분은 면적이므로 위 그래프 밑의 면적(빗금 친 부분)이 되는군요.
충돌힘의 평균 크기가 F_{avg} 라면,
더입
$J = \int_{t_i}^{t_f} F_{avg} dt$
$= [F_{avg} t]_{t_i}^{t_f}$
$= F_{avg}(t_f - t_i)$
$= F_{avg} \cdot \Delta t$
즉, 평균 충돌힘과 충돌시간을 곱하면 충격량이 되는 거지!
F
F_{avg}
t
t_i
t_f
Δt
곱해.

그런데
앞의 운동량부분에서
$\vec{F}_{net} = d\vec{p}/dt$
라는 것을 배웠지?
즉,
$\vec{F}dt = d\vec{p}$

이것을 앞의 식에 대입하면
$\vec{J} = \int_{t_i}^{t_f} \vec{F}(t)dt = \int_{t_i}^{t_f} d\vec{p}$
$= [\vec{p}]_{t_i}^{t_f} = \vec{p}_f - \vec{p}_i$
$= \Delta\vec{p}$
p_i, p_f : 각각 충돌 전후 운동량

따라서
$\vec{J} = \Delta\vec{p}$
이 식의 의미는
"충격량은 선운동량의 변화와 같다."
또는
"선운동량의 변화가 물체에 가해지는 충격량과 같다."

벡터형태로 다시 한번 쓰면
$\vec{P}_f - \vec{P}_i = \vec{J}$
성분형태로 쓰면
$\Delta P_x = P_{fx} - P_{ix}$
$= J_x = \int_{t_i}^{t_f} Fx\,dt$

뉴턴의 제3법칙에 의해 충격량은 맞는 사람이나 때리는 사람이나 그 크기는 같고 방향이 반대라는 것은 알겠지?

쿵
따라서 충돌을 받은 물체의 선운동량이 Δp만큼 증가되었다면, 충돌한 물체의 선운동량은 Δp만큼 감소$(-\Delta p)$ 하겠네요.

선운동량의 보존
작용하는 알짜 외력 $\vec{F}_{net}$가 없다면 선운동량은 보존된단다.
외력무=고립계
당연한 거 아네요? 외력이 없다면 마찰력도 없을 테니까, 질량 m인 테니스공이 속도 $\vec{v}$로 굴러가고 있으면 그대로 속도 $\vec{v}$로 굴러가겠죠. 따라서 선운동량 $m\vec{v}$는 변하지 않겠죠!
이것을 식으로 나타내면, 앞의 외력 $\vec{F}_{net}$과 선운동량 $\vec{p}$와의 관계식 $\vec{F}_{net}=\frac{d\vec{p}}{dt}$에서 $\vec{F}_{net}=0$이니까 $\frac{d\vec{p}}{dt}=0$
따라서 $\vec{p}$=상수(일정) 그러므로 $\vec{p}_i=\vec{p}_f$
$\vec{p}_i$: 처음 운동량
$\vec{p}_f$: 나중 운동량

탄성충돌과 비탄성충돌

테니스공을
떨어뜨려보자.
탁
원래 높이만큼
튀어 올라오니?
아니요!
튀어 올라오는
높이가
약간
작아지는데요.
지면과 충돌하면서
테니스공의 운동에너지가
열에너지, 소리에너지 등으로 빠져나가서
감소하기 때문이지.
탁
소리에너지
열에너지

이와 같이
충돌에 의해서
계 전체의 운동에너지가
감소하는 충돌을
비탄성충돌이라고
한단다.
비탄성충돌
만약에
진흙으로 만든 공을 바닥에 떨어뜨리면,
운동에너지를 완전히 잃어버리고
바닥에 붙어버리겠지?
이 경우는
완전 비탄성충돌
철썩
진흙 공
충돌에 의해
운동에너지가 감소하지 않고
보존되는
이상적인 충돌은
탄성충돌이라고 부르겠군요!
그렇지.
탁

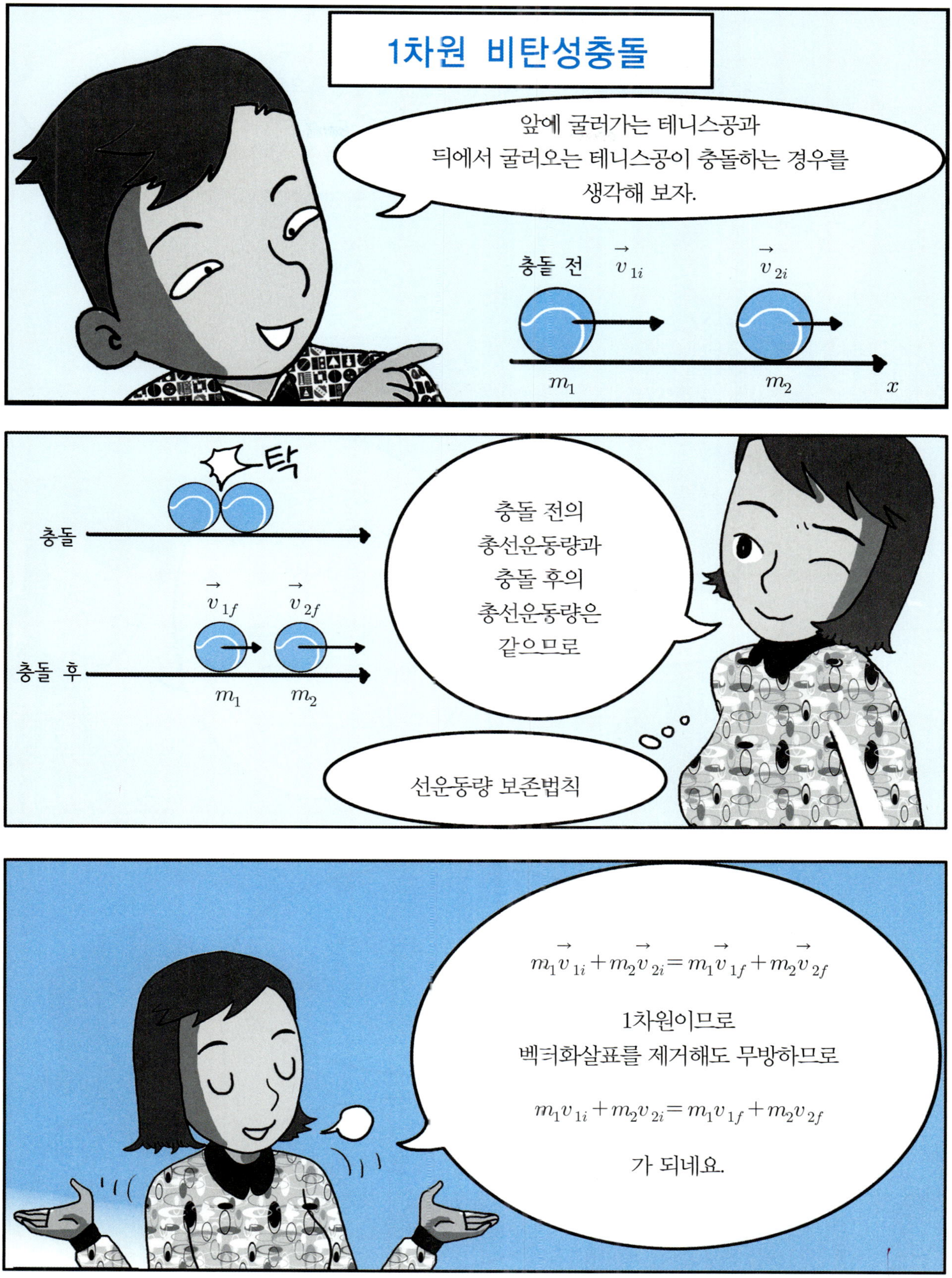
1차원 비탄성충돌
앞에 굴러가는 테니스공과 뒤에서 굴러오는 테니스공이 충돌하는 경우를 생각해 보자.
충돌 전
$\vec{v}_{1i}$
$\vec{v}_{2i}$
m_1
m_2
x
탁
충돌
$\vec{v}_{1f}$
$\vec{v}_{2f}$
충돌 후
m_1
m_2
충돌 전의 총선운동량과 충돌 후의 총선운동량은 같으므로
선운동량 보존법칙
$m_1\vec{v}_{1i}+m_2\vec{v}_{2i}=m_1\vec{v}_{1f}+m_2\vec{v}_{2f}$
1차원이므로 벡터화살표를 제거해도 무방하므로
$m_1v_{1i}+m_2v_{2i}=m_1v_{1f}+m_2v_{2f}$
가 되네요.

다음으로,
정지해 있는 볼링공에 찰흙으로 만든 공이 충돌해서,
찰흙공이 볼링공에 붙어서
움직이는 경우를 생각해보자.
$\vec{v}_{2i}=0$
충돌 전
$\vec{v}_{1i}$
볼링공
찰흙 공
m_1
m_2
x
충돌
철썩
x
완전 비탄성 충돌
충돌 후
m_1+m_2
V
x
이 경우에
선운동량 보존법칙을
적용하면
충돌 전 충돌 후
$m_1 v_{1i}=(m_1+m_2)V$
$V=\frac{m_1}{m_1+m_2}v_{1i}$
외력이 없는 고립계에서
계의 질량 중심의 속도 $\vec{v}_{com}$은
변하지 않는단다.
외력이 없으니까
속도가 변하지 않는 것은
당연하죠.

1차원 탄성충돌
탄성충돌은 이상적인 경우이지만 충돌에 의해 운동에너지 손실이 매우 적으면 탄성충돌이라고 간주할 수 있단다.
두 당구공의 충돌 같이
이때는 선운동량이 보존될 뿐만 아니라
$m_1v_{1i}+m_2v_{2i}=m_1v_{1f}+m_2v_{2f}$
충돌 전
m_1v_{1i}
m_2v_{2i}
m_1v_{1f}
m_2v_{2f}
충돌 후
운동에너지도 보존되지 :
$\frac{1}{2}m_1v_{1i}^2+\frac{1}{2}m_2v_{2i}^2=\frac{1}{2}m_1v_{1f}^2+\frac{1}{2}m_2v_{2f}^2$
충돌 전의 운동에너지
=충돌 후의 운동에너지

이 두 식으로부터
v_{1f}와 v_{2f}를 구해보자꾸나.
첫 번째 식을 변형하면
$m_1(v_{1i}-v_{1f})=-m_2(v_{2i}-v_{2f})$
두 번째 식도 변형하면
양변의 $\frac{1}{2}$은 없어지고,
$m_1(v_{1i}^2-v_{1f}^2)=-m_2(v_{2i}^2-v_{2f}^2)$
이것은
$m_1(v_{1i}-v_{1f})(v_{1i}+v_{1f})$
$=-m_2(v_{2i}-v_{2f})(v_{2i}+v_{2f})$
인수분해
이 두 식을 나누면
$\frac{m_1(v_{1i}-v_{1f})(v_{1i}+v_{1f})}{m_1(v_{1i}-v_{1f})}$
$=\frac{-m_2(v_{2i}-v_{2f})(v_{2i}+v_{2f})}{-m_2(v_{2i}-v_{2f})}$
$v_{1i}+v_{1f}=v_{2i}+v_{2f}$
따라서
$v_{2f}=v_{1i}+v_{1f}-v_{2i}$ (*)
이것을 첫 번째 식
$m_1v_{1i}+m_2v_{2i}$
$=m_1v_{1f}+m_2v_{2f}$
에 대입하면

$m_1v_{1i}+m_2v_{2i}$
$=m_1v_{1f}+m_2(v_{1i}+v_{1f}-v_{2i})$
$=m_1v_{1f}+m_2v_{1i}+m_2v_{1f}-m_2v_{2i}$
$=(m_1+m_2)v_{1f}+m_2v_{1i}-m_2v_{2i}$
헉 헉 헉 헉
이것을 v_{1f}에 대해서 정리하면
$v_{1f}=\frac{m_1-m_2}{m_1+m_2}v_{1i}+\frac{2m_2}{m_1+m_2}v_{2i}$
이것을 (*)식에 대입하며 v_{2f}를 구하면
$v_{2f}=v_{1i}+\frac{m_1-m_2}{m_1+m_2}v_{1i}+\frac{2m_2}{m_1+m_2}v_{2i}-v_{2i}$
통분하면
$=\frac{m_1+m_2}{m_1+m_2}v_{1i}+\frac{m_1-m_2}{m_1+m_2}v_{1i}$
$+\frac{2m_2}{m_1+m_2}v_{2i}-\frac{m_1+m_2}{m_1+m_2}v_{2i}$
그러므로
$v_{2f}=\frac{2m_1}{m_1+m_2}v_{1i}+\frac{m_2-m_1}{m_1+m_2}v_{2i}$
휴~우
으쓱
으쓱

이상으로부터
두 물체의 질량 m_1, m_2와
충돌 전 속도 v_{1i}, v_{2i}를 알면,
충돌 후 속도를
구할 수 있는 거군요.
참고로
1차원 비탄성 충돌일 때는
운동에너지는 보존되지 않고
선운동량만 보존되므로
식이 하나라서
$m_1v_{1i}+m_2v_{2i}=m_1v_{1f}+m_2v_{2f}$
두 물체의 질량 m_1, m_2와
충돌 전 속도 v_{1i}, v_{2i}를 알더라도,
두 물체 중 하나의 충돌 후 속도(v_{1f} 또는 v_{2f})를
알아야만 나머지 물체의 충돌 후 속도를
알 수 있단다.

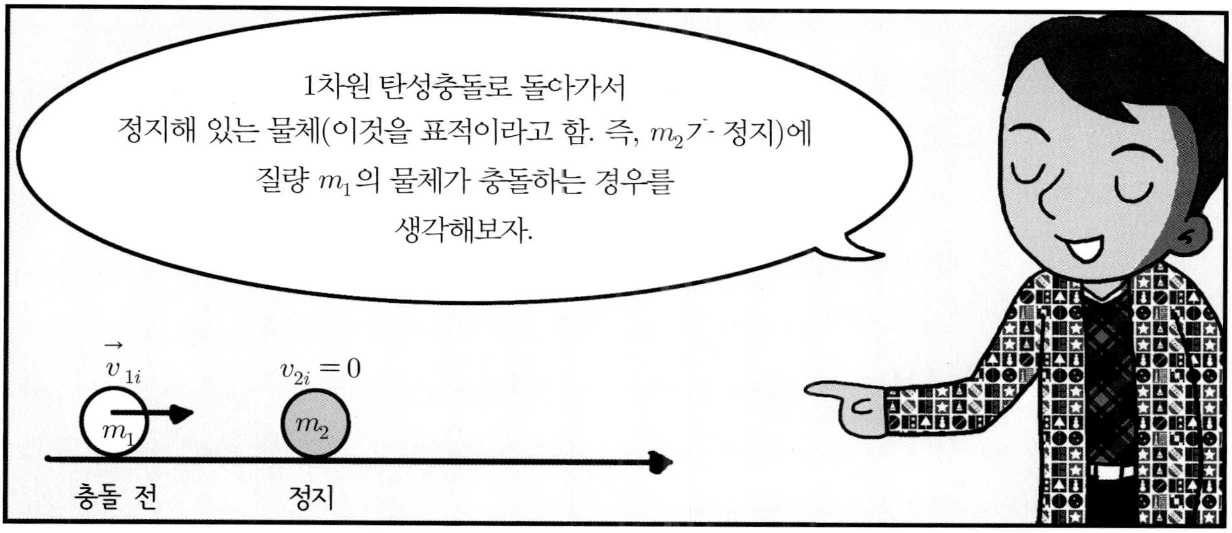
1차원 탄성충돌로 돌아가서
정지해 있는 물체(이것을 표적이라고 함. 즉, m_2가 정지)에
질량 m_1의 물체가 충돌하는 경우를
생각해보자.
$\vec{v}_{1i}$
$v_{2i}=0$
m_1
m_2
충돌 전
정지

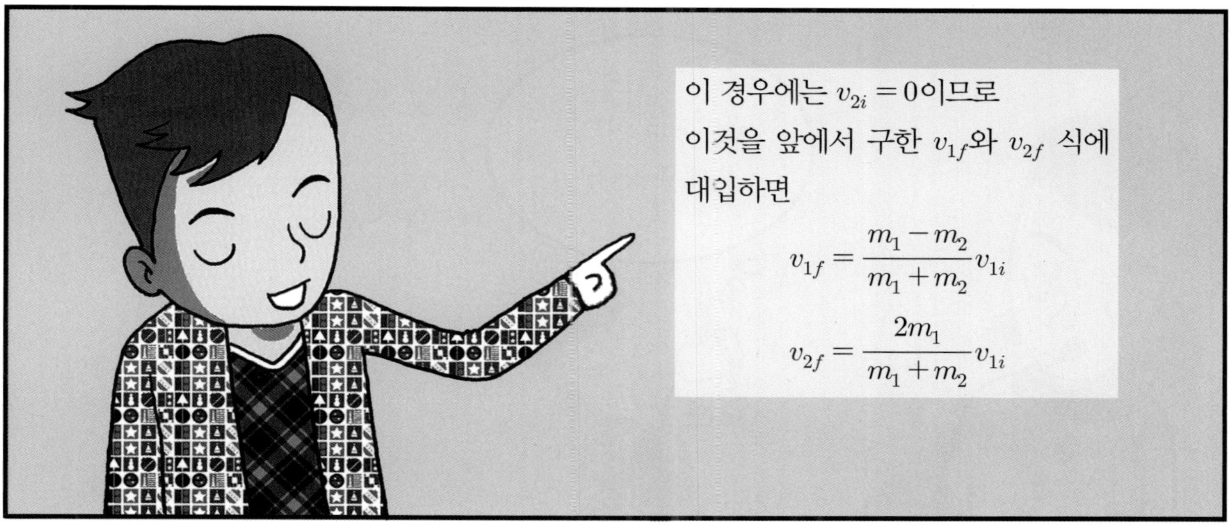
이 경우에는 $v_{2i}=0$이므로
이것을 앞에서 구한 v_{1f}와 v_{2f} 식에
대입하면
$$v_{1f}=\frac{m_1-m_2}{m_1+m_2}v_{1i}$$
$$v_{2f}=\frac{2m_1}{m_1+m_2}v_{1i}$$

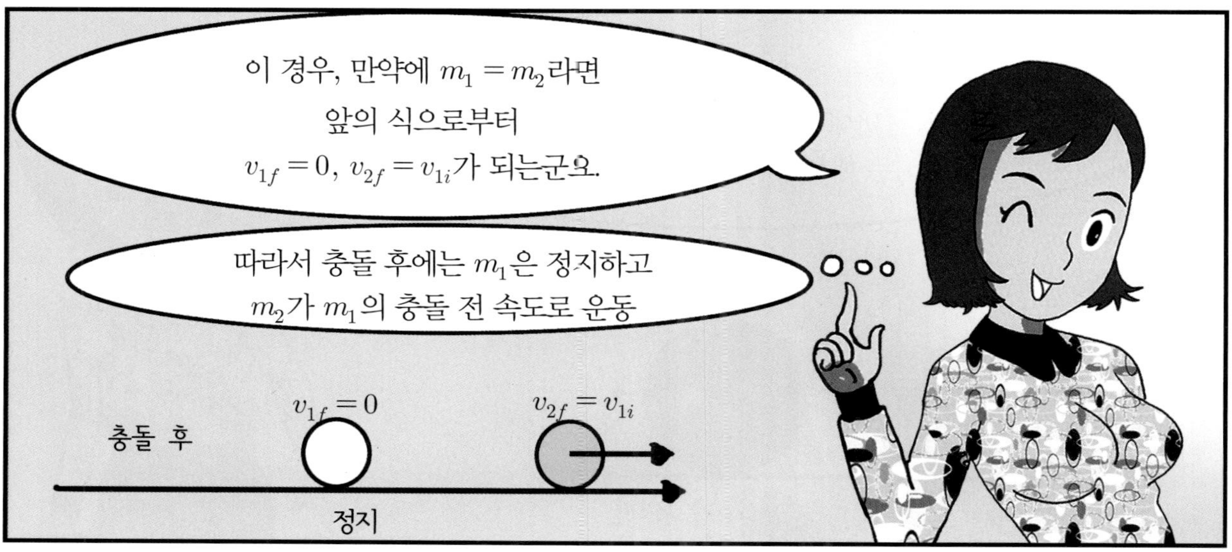
이 경우, 만약에 $m_1=m_2$라면
앞의 식으로부터
$v_{1f}=0$, $v_{2f}=v_{1i}$가 되는군요.
따라서 충돌 후에는 m_1은 정지하고
m_2가 m_1의 충돌 전 속도로 운동
충돌 후
$v_{1f}=0$
$v_{2f}=v_{1i}$
정지

또 이 경우에 $m_2 \gg m_1$이라면
$$v_{1f} = \frac{m_1 - m_2}{m_1 + m_2} v_{1i}$$
에서
$$m_1 - m_2 \approx -m_2$$
$$m_1 + m_2 \approx m_2$$
가 되므로
탁구공(m_1)을 정지해 있는 볼링공(m_2)에 충돌시킬 경우
m_1이 매우 작으니까 무시

$m_2 \gg m_1$이므로 매우 작다.
$$v_{1f} \approx -v_{1i}$$
그리고
$$v_{2f} = \frac{2m_1}{m_1 + m_2} v_{1i}$$에
$m_1 + m_2 \approx m_2$을 적용하면
$$v_{2f} \approx \frac{2m_1}{m_2} v_{1i}$$

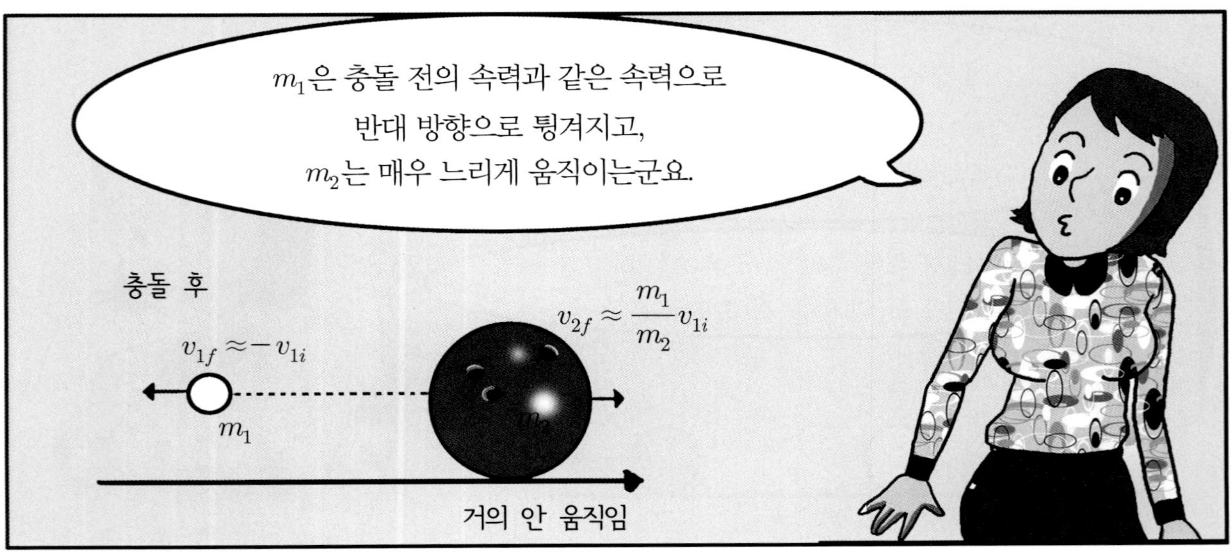
m_1은 충돌 전의 속력과 같은 속력으로 반대 방향으로 튕겨지고, m_2는 매우 느리게 움직이는군요.
충돌 후
$v_{1f} \approx -v_{1i}$
$v_{2f} \approx \frac{m_1}{m_2} v_{1i}$
m_1
m_2
거의 안 움직임

마지막으로 1차원 탄성충돌의 경우에
$m_1 \gg m_2$라면
$v_{1f} = \frac{m_1 - m_2}{m_1 + m_2} v_{1i}$에서
$m_1 - m_2 \approx m_1,$
$m_1 + m_2 \approx m_1$
이 되므로
볼링공을 정지해 있는 탁구공에 충돌
m_1이 매우 작으니까 무시

$v_{1f} \approx v_{1i}$
그리고
$v_{2f} = \frac{2m_1}{m_1 + m_2} v_{1i}$에서
$m_1 + m_2 \approx m_1$을 적용하면
$v_{2f} \approx 2v_{1i}$

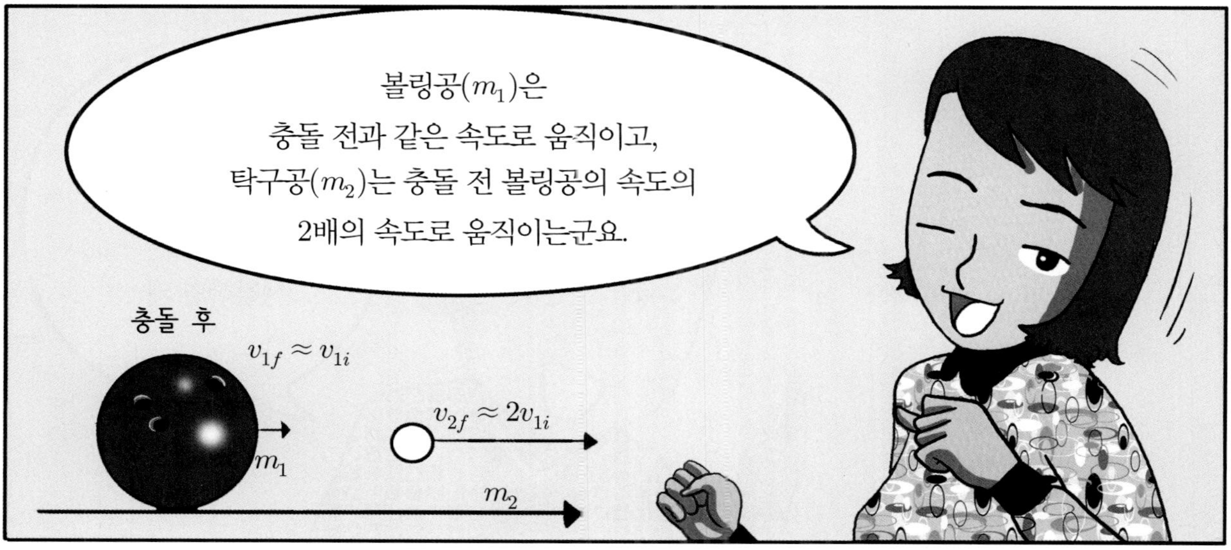
볼링공(m_1)은 충돌 전과 같은 속도로 움직이고, 탁구공(m_2)는 충돌 전 볼링공의 속도의 2배의 속도로 움직이는군요.
충돌 후
$v_{1f} \approx v_{1i}$
$v_{2f} \approx 2v_{1i}$
m_1
m_2

2차원 충돌
정지해 있는 당구공을 다른 당구공으로 비스듬히 치면 어떻게 되나요.
이 경우는 정면충돌이 아니니까 2차원 충돌이 된단다.
2차원 충돌의 경우에도 선운동량은 보존되겠죠?
즉,
$\vec{p}_{1i}+\vec{p}_{2i}=\vec{p}_{1f}+\vec{p}_{2f}$
충돌 전 충돌 후
2차원 충돌의 경우는 선운동량의 xy성분을 생각하면 돼.

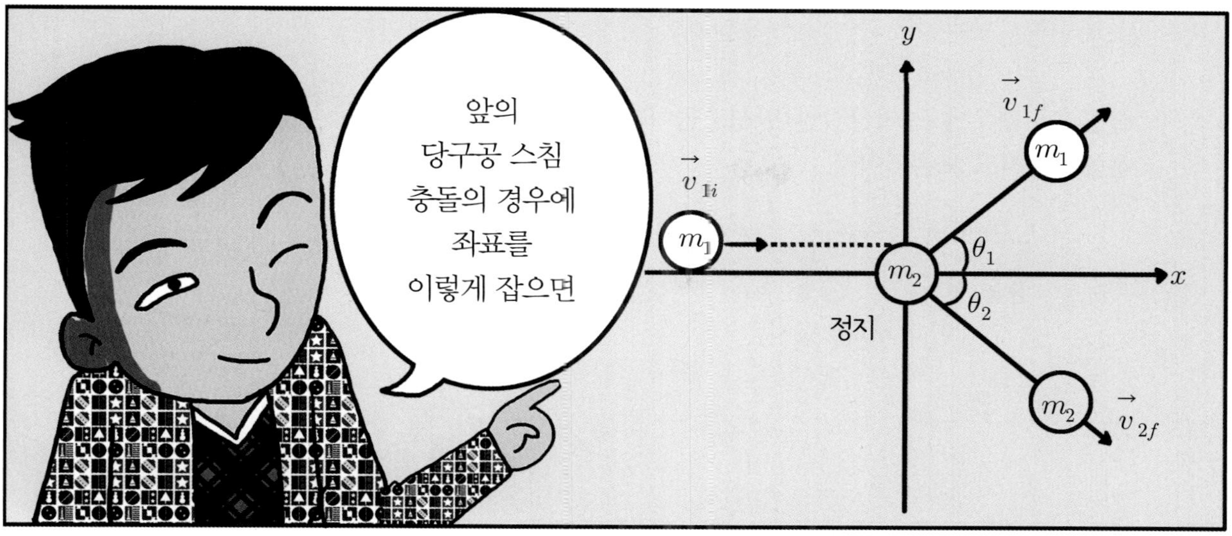
앞의
당구공 스침
충돌의 경우에
좌표를
이렇게 잡으면
y
x
$\vec{v}_{1i}$
m_1
m_2
정지
θ_1
θ_2
$\vec{v}_{1f}$
m_1
m_2
$\vec{v}_{2f}$

충돌 전 선운동량의 x성분은
m_1v_{1i}뿐이므로, 이것이 충돌 후
선운동량의 x성분
$m_1v_{1f}\cos\theta_1+m_2v_{2f}\cos\theta_2$
와 같아야 하지. 즉,
$m_1v_{1i}=m_1v_{1f}\cos\theta_1+m_2v_{2f}\cos\theta_2$
m_2는
정지해
있으므로

또 충돌 전후의 선운동량의 y성분도
같아야 하므로
$0=m_1v_{1f}\sin\theta_1-m_2v_{2f}\sin\theta_2$
충돌 전
충돌 후
(y성분 없으니까)
이 수식을
이용해서
값들이 주어지면
v_{1f}와 v_{2f}를
구하는 거야.

물론 이 경우에도 이상적인 탄성충돌이라면
운동에너지도 보존되어서
$\frac{1}{2}m_1v_{1i}^2 = \frac{1}{2}m_1v_{1f}^2 + \frac{1}{2}m_2v_{2f}^2$
충돌 전 충돌 후
(이때 m_2는 정지)

질량이 변하는 계 : 로켓
와! 로켓이다.

중력과 공기에 의한 항력이 없는 우주 공간에서 로켓이 연료를 태우며 가속하고 있군.
이 경우에는 로켓의 질량이 변하겠군요.

M
$\vec{v}$
어떤 순간 t에서
로켓의 질량이 M이고
속력이 v라고 하자.
로켓은 1차원 운동을
한다고 하고.

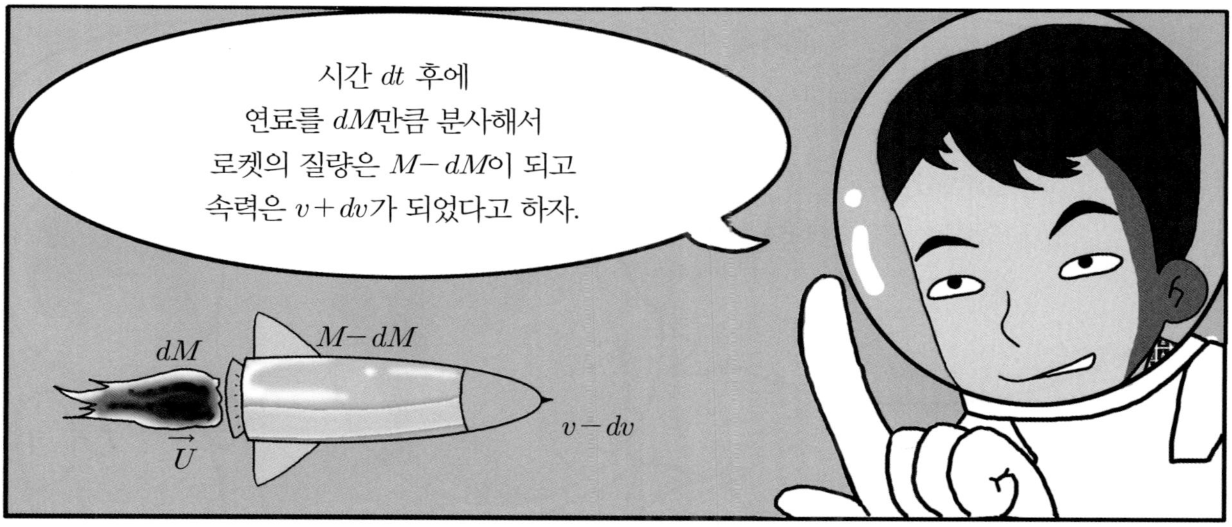
시간 dt 후에
연료를 dM만큼 분사해서
로켓의 질량은 $M - dM$이 되고
속력은 $v + dv$가 되었다고 하자.
dM
$M - dM$
$\vec{U}$
$v - dv$

로켓이 앞으로 날아가면서
연료를 분사했기 때문에
연료도 앞으로 날아갈 것이며
연료의 관성기준틀(지면)에 대한
상대속도를 U라고 하자.

시간 dt 전후의 선운동량은 보존되므로
$Mu = (M - dM)(v + dv) + dMU$
로켓 dt 전
로켓 dt 후
연료 배기물
이 식을 로켓과 배기물 사이의 상대 속력 v_{rel}을 이용하여 간단히 해 보자.
rel : relative 상대적인
(지면에서 본 로켓의 속도)
=(지면에서 본 배기물의 속도)
+(배기물에 대한 로켓의 상대속도)가 되지.

따라서
$(v+dv)=U+v_{rel}$
$U=v+dv-v_{rel}$
이것을 앞의 식에 대입하면
$Mu=(M-dM)(v+dv)+dM(v+dv-v_{rel})$
전개하면
$=Mv+Mdv-dMv-dMdv$
$+dMv+dMdv-dMv_{rel}$
따라서
$-dMv_{rel}=Mdv$
양변을 dt로 나누면
$-\frac{dM}{dt}v_{rel}=M\frac{dv}{dt}$

이 식에서 좌변의 $-dM/dt$는 질량이 시간에 따라서 감소한다는 의미이므로 연소비율 R을 뜻한단다. 따라서 좌변은 Rv_{rel}라고 쓸 수 있지.
또 우변의 dv/dt는 로켓의 가속도 a이므로, 우변은 Ma가 되는 거야. 그러므로 $Rv_{rel} = Ma$
좌변은 힘의 차원을 갖는단다.
보통 Rv_{rel}을 추진력 T라고 불러. 그러면 $T = Ma$
뉴턴의 제2법칙의 형태가 됐네!

이번에는
로켓의 속도를 구해보자.
앞의 식
$-dMv_{rel} = Mdv$
에서 속도 v를 구하기 위해
식을 변형하면
$dv = -v_{rel}\frac{dM}{M}$
변수분리
이것을 적분해서 속도 v를 구하면
$\int_{v_i}^{v_f} dv = -v_{rel}\int_{M_i}^{M_f} \frac{dM}{M}$
v_i, v_f는 로켓의
초기속도와 최종속도
M_i, M_f는 로켓의
초기질량과 최종질량
좌변은
$[v]_{v_i}^{v_f} = v_f - v_i$
우변은 분모(M)를 미분한 것(dM)이
분자에 있으면
적분은 ln분모(M)가 되므로 (적분공식)
$-v_{rel}[\ln M]_{M_i}^{M_f}$
ln은 자연로그,
즉 밑이 e인 $\log_e$

우변을 계산하면
$-v_{rel}[\ln M]_{M_i}^{M_f}$
$=-v_{rel}(\ln M_f-\ln M_i)$
$=v_{rel}(\ln M_i-\ln M_f)$
$=v_{rel}\ \ln(M_i/M_f)$
로그는
뺄셈이 나눗셈이
되니까

그러므로
좌변=우변하면
$v_f-v_i=v_{rel}\ln(M_i/M_f)$
가 되는 거지!
이 식을 음미해 봐라.

음~,
로켓의 최종속도 v_f는
로켓의 최종질량 M_f가
작을수록 커지네요!

이것을 이용하려면
다단계 로켓을
만들면 된단다.
즉, 연료가 소진된 연로통을
단계별로 버리면
로켓의 각 단계에서의
최종질량 M_f가 작아지지.
뚝
뚝
아하!
그렇군요.

퀴즈 1

(a) 반경 $2r$인 균일한 아크릴 원판 A의 질량 중심을 구하라.

(b) 이 원판에서 그림과 같이 반경 r인 원판을 잘라낸 판 B의 질량 중심을 구하라.

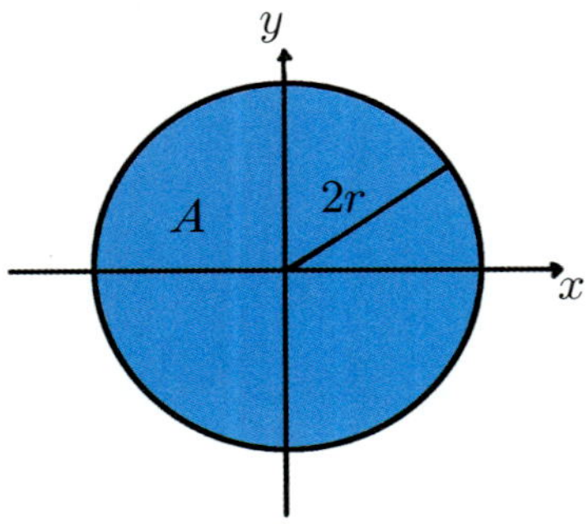

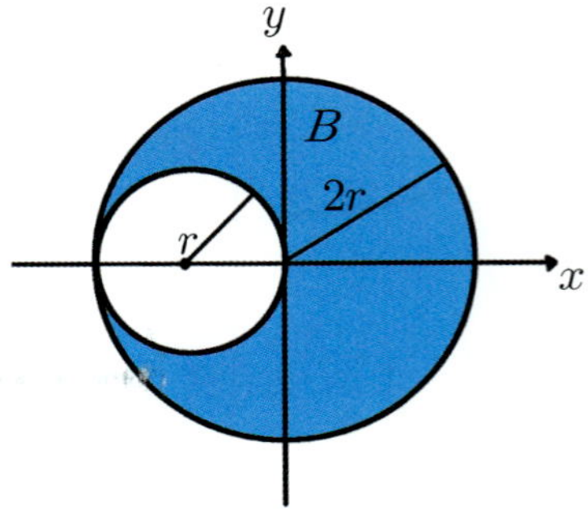

답

(a) 원판 A의 질량 중심은 대칭성으로부터 원판의 중심, 좌표로 나타내면 $(0, 0)$이다. 만약 원판이 무시할 수 없는 두께를 가지고 있다면 질량 중심은 두께의 중간에 있을 것이다. 따라서 원판 A는 질량이 원의 중심에 있는 하나의 입자로 취급할 수 있다.

(b) 판 B를 아래 그림과 같이 판 C와 판 D로 나눠서 생각해 보자.

판 C와 D의 질량 중심의 좌표는 대칭성으로부터 각각 $(0, 0)$와 $(r, 0)$이다. 즉, 판 C와 D의 질량을 각각 m_C와 m_D라고 하면, 이 질량을 갖는 두 입자가 위의 두 점에 있는 것과 같다.

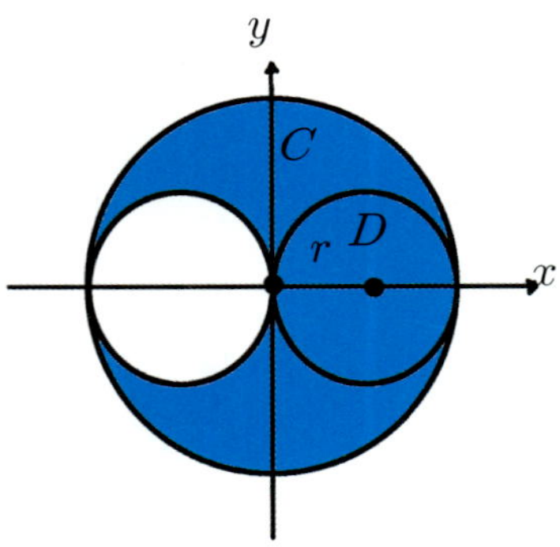

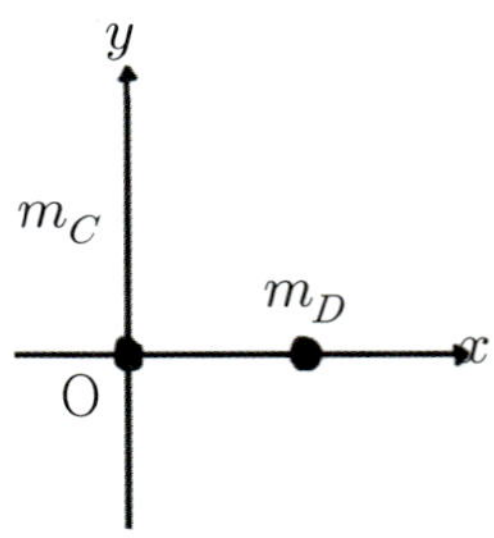

답

따라서 두 입자의 질량 중심을 구하는 공식

$$x_{com} = \frac{m_1 x_1 + m_2 x_2}{m_1 + m_2}$$

를 이용할 수 있다. 이 식에 두 입자의 질량과 x좌표를 대입하면

$$x_{com} = \frac{m_C(0) + m_D(r)}{m_C + m_D} = \frac{m_D r}{m_C + m_D}$$

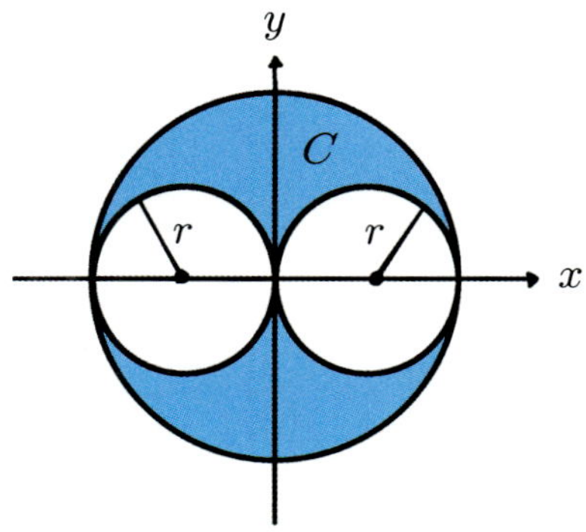

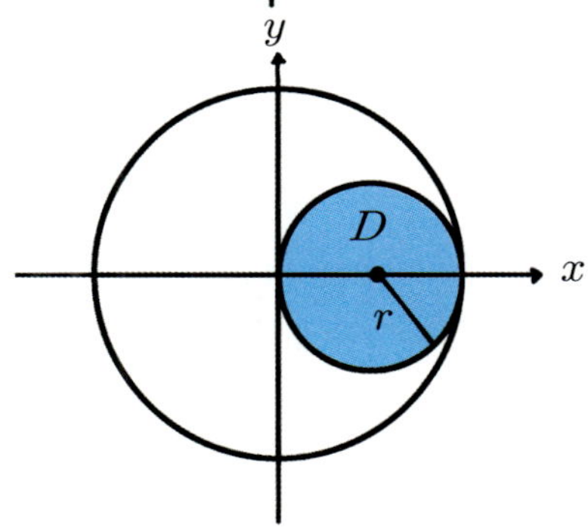

한편, 균일한 판들이므로, 판의 질량은 다음과 같다.

질량=(부피)×(밀도)=(면적)×(두께)×(밀도)

판 C의 면적 S_C는 큰 원판 A의 면적 $4\pi(2r)^2$에서 두 작은 원판의 면적 $2\times 4\pi r^2$을 뺀 것이므로

$$S_D = 4\pi(2r)^2 - 2\times 4\pi r^2 = 8\pi r^2,$$

판 D의 면적 S_D는 $S_D = 4\pi r^2$이다.

판의 두께를 t, 밀도를 ρ(로)라고 하고 위의 면적들을 이용하여 판 C와 D의 질량을 구하면

$$m_C = 8\pi r^2 t\rho$$

$$m_D = 4\pi r^2 t\rho$$

이것들을 질량 중심을 구하는 식에 대입하면

$$x_{com} = \frac{4\pi r^2 t\rho \cdot r}{8\pi r^2 t\rho + 4\pi r^2 t\rho} = \frac{1}{3}r$$

따라서, 판 B의 질량 중심의 좌표는 $\left(\frac{1}{3}r,\ 0\right)$이다.

퀴즈 2 얼음판 위에 빨강, 파랑, 노랑색의 삼원색 유리구슬들이 정지해 있다가 그림과 같이 외력을 받는다.

(a) 삼원색 유리구슬들의 질량 중심을 구하라.

(b) 질량 중심의 가속도의 크기와 방향을 구하라.

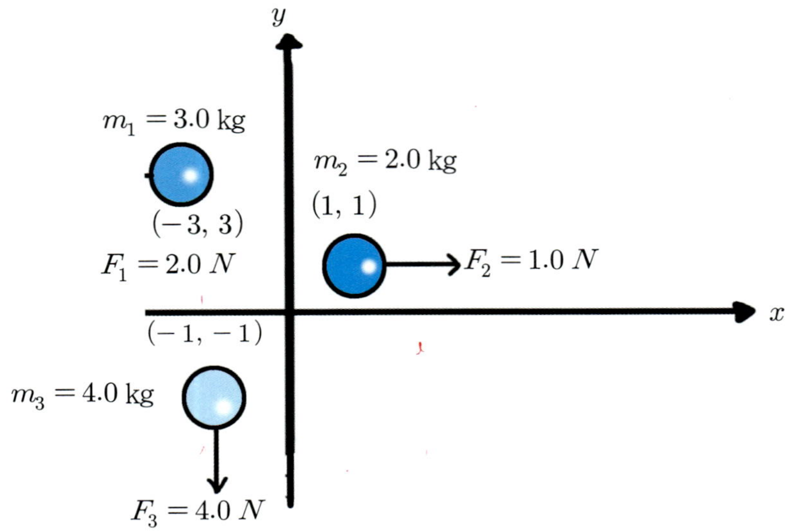

답 (a) n개의 입자로 이루어진 입자계의 질량 중심을 구하는 공식

$$x_{com} = \frac{m_1x_1 + m_2x_2 + \cdots m_nx_n}{m_1 + m_2 + \cdots m_n} = \frac{1}{M}\sum_{i=1}^{n} m_ix_i$$

을 이용하면

$$x_{com} = \frac{(3.0)(-3) + (2.0)(1) + (4.0)(-1)}{3.0 + 2.0 + 4.0} \approx -1.2$$

y좌표에 대해서도 유사한 식을 적용하면

$$y_{com} = \frac{m_1y_1 + m_2y_2 + m_3y_3}{m_1 + m_2 + m_3} = \frac{(3.0)(3) + (2.0)(1) + (4.0)(-1)}{3.0 + 2.0 + 4.0}$$

$$\approx 0.78$$

따라서 질량 중심의 좌표는 $(-1.2,\ 0.78)$

(b) 삼원색구슬들을 질량 중심에 총질량을 갖는 하나의 입자로 취급할 수 있고, 또한 외력들이 질량 중심에 작용하는 것으로 생각할 수 있다.

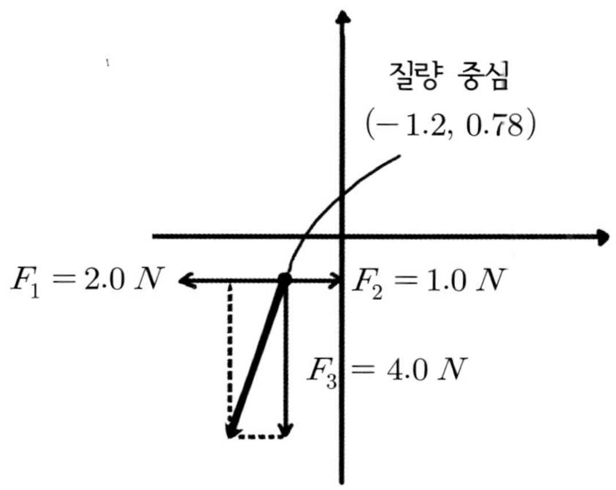

뉴턴의 제2법칙을 질량 중심 적용하면

$$\vec{F}_{net} = M\vec{a}_{com},\ \ \vec{F}_1 + \vec{F}_2 + \vec{F}_3 = M\vec{a}_{com}$$

따라서

$$\vec{a}_{com} = \frac{\vec{F}_1 + \vec{F}_2 + \vec{F}_3}{M}$$

그러므로 질량 중심의 가속도의 x성분도

$$\vec{a}_{com,\,x} = \frac{\vec{F}_{1x} + \vec{F}_{2x} + \vec{F}_{3x}}{M} = \frac{-2.0 + 1.0 + 0}{9.0} \approx 0.11\ \mathrm{m/s^2}$$

y성분은

$$\vec{a}_{com,\,y} = \frac{\vec{F}_{1y} + \vec{F}_{2y} + \vec{F}_{3y}}{M} = \frac{0 + 0 - 4.0}{9.0} \approx 0.44\ \mathrm{m/s^2}$$

따라서 $\vec{a}_{com}$의 크기는

$$\vec{a}_{com} = \sqrt{(a_{com,\,x})^2 + (a_{com,\,y})^2} = \sqrt{0.11^2 + 0.44^2}$$

$$\approx 0.45\ \mathrm{m/s^2}$$

방향은 $\vec{F}_{net}$(그림의 굵은 화살표) 방향

퀴즈 3 서 있는 미라의 이마에 야구공에 날아와 맞았다(그림은 위에서 본 모습).

야구공의 충돌직전의 속력은 25 m/s이었고, 충독 직후의 속력은 15 m/s이었으며, 그림과 같은 각도를 이루었다. 야구공의 질량은 140 g이다.

(a) 야구공의 충돌로 미라에 가해지는 충격량을 구하라.

(b) 5 ms 동안 충돌이 지속되었다면 그 동안에 미라에게 가해지는 평균력의 크기를 구하라.

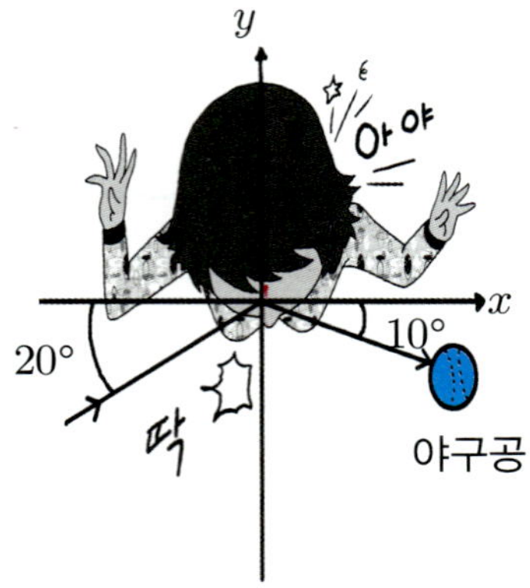

답 (a) 미라가 받는 충격량은 야구공의 운동량 변화와 같다.

$$\vec{J}=\vec{P}_f-\vec{P}_i=m\vec{v}_f-m\vec{v}_i=m(\vec{v}_f-\vec{v}_i)$$

충격량의 x성분은

$$J_x=m(v_{fx}-v_{ix})$$
$$=0.14\ \mathrm{kg}\{(15\ \mathrm{m/s})\cos 10°-(25\ \mathrm{m/s})\cos 20°\}$$
$$\approx -1.1\ \mathrm{kg\cdot m/s}$$

y성분은

$$J_y=m(v_{fy}-v_{iy})$$
$$=0.14\ \mathrm{kg}\{-(15\ \mathrm{m/s})\sin 10°-(25\ \mathrm{m/s})\sin 20°\}$$
$$\approx -1.6\ \mathrm{kg\cdot m/s}$$

따라서 충격량은 $\vec{J}=(-1.1\hat{i}-1.6\hat{j})\ \mathrm{kg\cdot m/s}$

충격량의 크기는 $J=\sqrt{J_x^2+J_y^2}=1.9\ \mathrm{kg\cdot m/s}$

답

충격량의 방향은
$\vec{J}=(-1.1\hat{i}-1.6\hat{j})$ kg · m/s를 작도하면
된다.

또는 $\tan\theta\frac{1.6}{1.1}\approx 55^\circ$에서 θ를 구하면

$$\theta=\tan^{-1}=\frac{1.6}{1.1}=$$

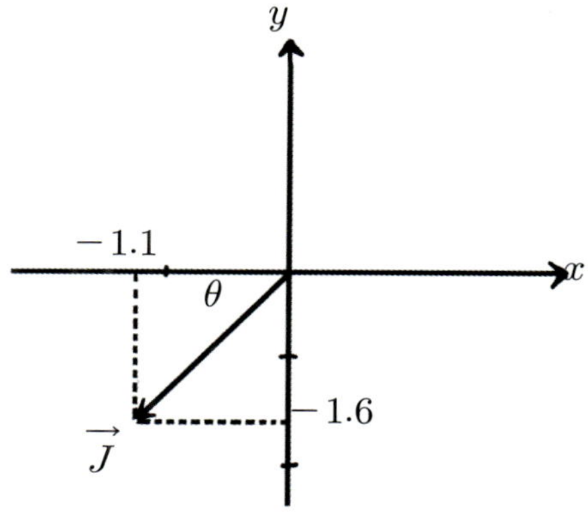

(b) 충격량의 크기는 평균력×지속시간이다.

$$J=F_{avg}\cdot\Delta t$$

따라서

$$F_{avg}=\frac{J}{\Delta t}=\frac{1.9\ \text{kg}\cdot\text{m/s}}{5\times10^{-3}\ \text{s}}=380\ \text{kg}\cdot\text{m/s}^2$$
$$=380\ N$$

퀴즈 4 진공 상태의 우주공간에 정지해 있던 질량 M의 별이 폭발하여 네 조각으로 분리되었다. 조각 A와 B의 속력이 각각 4.0 m/s와 2.0 m/s일 때, 조각 C와 D의 속력을 구하라. 단 A, C는 x축 방향으로 B, D는 y축 방향으로 운동한다.

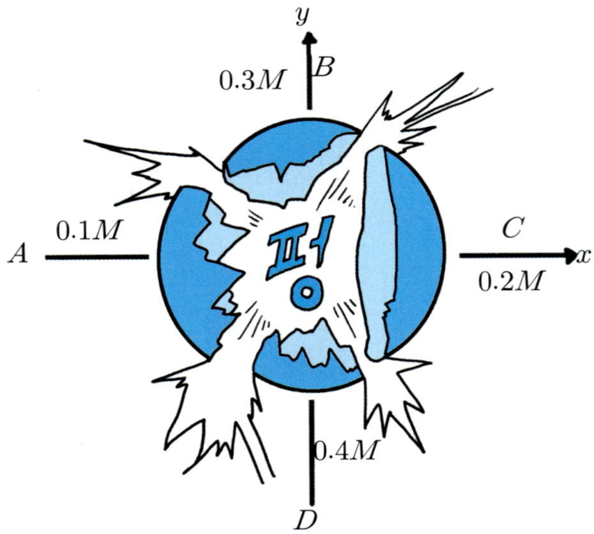

답 내력만이 존재하고 외력이 없는 닫힌계이므로 선운동량이 보존된다. 즉

$$P_i = P_f$$

x, y성분을 생각하면

$$P_{ix} = P_{fx},\ P_{iy} = P_{fy}$$

폭발 전에 정지해 있었으므로

$$P_i = P_{ix} = P_{iy} = 0,$$

따라서

$$P_{fx} = 0,\ P_{fy} = 0$$

그런데

$$P_{fx} = P_A + P_C = -(0.1M)(4.0\ \text{m/s}) + (0.2M)v_C = 0$$

$$v_C = 2.0\ \text{m/s}$$

$$P_{fy} = P_B + P_D = (0.3M)(2.0\ \text{m/s}) - (0.4M)v_D = 0$$

$$v_D = 1.5\ \text{m/s}$$

퀴즈 5 마찰이 없는 얼음판 위의 질량 3.2 kg의 나무 표적에 질량 8.6 g의 총알이 충돌하여 박힌 후, 총알이 박힌 나무 표적이 속력 0.2 m/s로 움직인다. 충돌 전의 총알의 속력 구하라.

답 완전비탄성 충돌이다. 이 경우에는 충돌 전후의 선운동량은 보존된다. 즉,

$$P_i = P_f$$

충돌 전의 전체 선운동량 P_i는 표적이 정지해 있었으므로 총알의 선운동량뿐이다. 충돌 전 총알의 속도를 v라고 하면

$$P_i = (0.0086\ \text{kg})v$$

충돌 후에는 표적과 총알이 같이 움직이므로 이때의 전체 선운동량 P_f는

$$P_f = (0.0086\ \text{kg} + 3.2\ \text{kg})(0.2\ \text{m/s})$$

그러므로

$$(0.0086\ \text{kg})v = (0.0086\ \text{kg} + 3.2\ \text{kg})(0.2\ \text{m/s})$$
$$v \approx 75\ \text{m/s}$$

퀴즈 6 그림과 같이 맞닿아 있던 두 금속 공 중의 왼쪽 공1을 높이 $h_1 = 5.0\ \mathrm{cm}$ 만큼 올린 다음에 놓았다. 공 1이 내려와서 공2와

(a) 탄성 충돌했을 때 공1의 충돌 직후 속력 v_{1f}를 구하라.

(b) 비탄성 충돌했을 때 공1의 충돌 직후 속력 v_{1f}를 구하라.

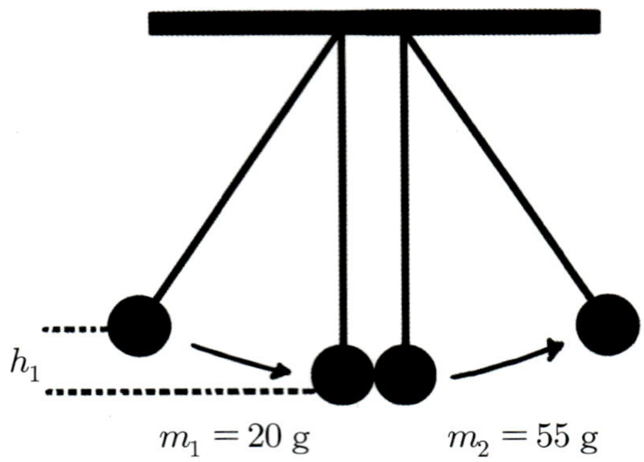

답 복잡한 운동이므로 2단계로 나눠서 생각한다.

(1) 공 1의 하강

(2) 두 공의 충돌

(1)단계에서는 역학에너지가 보존되어 공 1의 높이 h_1의 중력퍼텐셜에너지 m_1gh_1이 운동에지 $\frac{1}{2}m_1v_{1i}^2$로 모두 전환되므로

$$m_1gh_1 = \frac{1}{2}m_1v_{1i}^2$$

$$v_{1i} = \sqrt{2gh_1} = \sqrt{2(9.8\ \mathrm{m/s^2})(0.05\ \mathrm{m})}$$

$$= 0.99\ \mathrm{m/s}$$

(2)단계에서는 역학에너지는 탄성충돌의 경우에만 보존되고 비탄성충돌의 경우에는 보존되지 않는다. 그러나 선운동량은 탄성이건 비탄성충돌이건 보존된다.

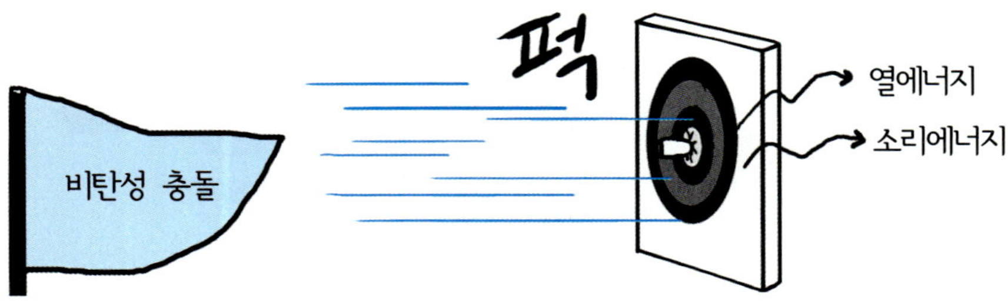

답

(a) 탄성충돌이므로 충돌 전후의 역학에너지(이 경우 운동에너지만 있다고 생각할 수 있으므로 운동에너지)와 선운동량이 보존된다. 이것을 식으로 쓰면

$$\frac{1}{2}m_1v_{1i}^2+\frac{1}{2}m_2v_{2i}^2=\frac{1}{2}m_1v_{1f}^2+\frac{1}{2}m_2v_{2f}^2$$

$$m_1v_{1i}+m_2v_{2i}=m_1v_{1f}+m_2v_{2f}$$

여기서 m_1, m_2, v_{1i}, $v_{2i}=0$(충돌 전 정지)는 알고 있으므로 미지수는 v_{1f}와 v_{2f} 2개이며 식이 2개이므로 이 둘을 모두 구할 수 있다. 이 식들을 v_{1f}에 대해 풀면

$$v_{1f}=\frac{m_1-m_2}{m_1+m_2}v_{1i}$$

$$=\frac{0.02\text{ kg}-0.055\text{ kg}}{0.02\text{ kg}+0.055\text{ kg}}(0.99\text{ m/s})$$

$$=-0.46\text{ m/s}$$

(b) 비탄성충돌의 경우에는 역학에너지는 보존되지 않고 선운동량 보존된다. 이것을 식으로 쓰면

$$m_1v_{1i}+m_2v_{2i}=m_1v_{1f}+m_2v_{2f}$$

여기서 m_1, m_2, v_{1i}, $v_{2i}=0$(충돌 전 정지)는 알고 있으므로 미지수는 v_{1f}와 v_{2f} 2개이다. 그러나 이 경우에는 식이 1개뿐이므로 v_{1f}를 구할 수 없다.

퀴즈 7

초기질량이 650 kg인 로켓이 $R = 4.6\ \mathrm{kg/s}$의 비율로 연료를 소비한다. 배기물의 로켓에 대한 상대속력 v_{rel}은 4300 m/s이다.

(a) 로켓 엔진의 추진력을 구하라.

(b) 로켓의 초기 가속도를 구하라.

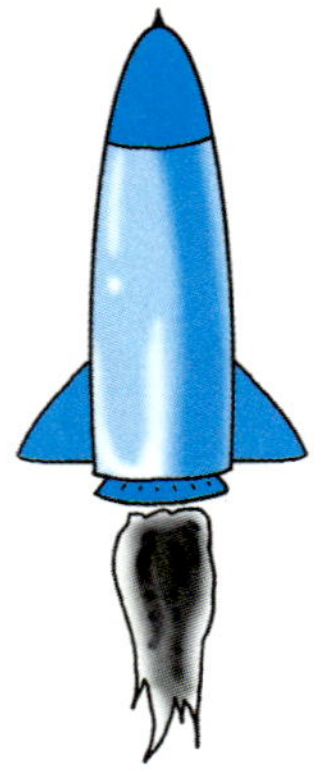

답

(a) 추진력 T는 연료소비율 R과 배기물의 상대속력 v_{rel}의 곱이다.

$$T = Rv_{rel}$$
$$= (4.6\ \mathrm{kg/s})(4300\ \mathrm{m/s}) \approx 20{,}000\ \mathrm{kg \cdot m/s^2}$$
$$= 20{,}000\ \mathrm{N}$$

(b) $T = Ma$이고, 초기가속도를 구하려고 하므로 초기질량을 대입하면 된다.

$$20{,}000\ \mathrm{N} = (650\ \mathrm{kg})a$$
$$a \approx 31\ \mathrm{m/s^2}$$

10. 회전운동

병진운동과 회전운동
유후 ^^ 연아 같지요

병진운동 하는구나,
직선이나 곡선을 따라서 움직이는 것을
병진운동 또는
선운동이라 하지.
눈치 빠르네.
이제까지 배운 것은
선운동이군요.

돌아봐.
이렇게요?
휙

이제부터는 회전운동에 대해서 생각해 보자.
회전운동을 각운동이라고도 해.

선운동에서는 위치, 변위, 속도, 가속도를 생각했었지?
위치
변위
속도 $\vec{v}$
가속도 $\vec{a}$
각운동에서는 각위치, 각변위, 각속도, 각가속도를 생각한단다.
각변위
각가속도
각속도
각위치
각위치
감자에 젓가락을 꽂아서 돌려보자.
z
젓가락
감자
y
θ
x

젓가락을
기준선이라고 하는데
이 기준선의 xy평면상의 그림자가 x축과
이루는 각도 θ를
기준선의 각위치라고
한다.
각도는 x축의 양의 방향에 대한 각도야.
0
θ
x
양의 방향
=시계 반대 방향
기준선이 x축과 일치하면
각위치는 영이 되겠네요.

기준선을 회전할 때 만들어지는 원의 반경을 r이라고 하고, 호의 길이를 s라고 하면 각도 θ는 $\theta=\frac{s}{r}$가 돼.
$S=r\theta$니까.
0
x
θ
s
왜냐하면 기준선이 한 바퀴 회전하면 각도 $\theta=360°=2\pi$지? 이때의 원주길이 s는 $2\pi r$. 따라서 $\theta=\frac{2\pi r}{r}=2\pi$ 가 되잖아!
$\theta=\frac{s}{r}$로 표시할 때 이 각도는 라디안(rad)이야.
길이를 길이로 나눈 거니까 차원은 없겠군요?

굳이 각도로 나타내면
$1\ rad = \frac{360°}{2\pi} = \frac{360°}{2(3.14)}$
$\approx 57.3°$
$= 0.159$바퀴
한 바퀴 $= 360°$
$= 2\pi$

그러면,
한 바퀴 돌면 2π rad,
두 바퀴 돌면 4π rad
이겠네요.
한 바퀴를
1 rev이라고 쓰지.
rev : revolution(회전)

선운동에서 위치를
시간의 함수로 $x(t)$라고 나타내는 것 같이,
각운동에서는 각위치를
시간의 함수 $\theta(t)$로 나타내.
$\theta(t)$

회전할 때 구성요소가 고정되어 있어서
모양이 변하지 않는 물체를 강체라고 하는데
여기서는 강체에 대해서만 생각하자꾸나.
날달걀, 대기가 붙어 있는 지구 등의
회전은 복잡하니까 제외,
감자=강체
강체 중에서도
야구공, 볼링공 같이
회전축이 계속 변하는 것들도
복잡하니까 제외시키자.
이런 것들은
회전운동과 병진운동이
같이 일어나는 경우군요!
B
θ
A
θ
순수한 회전 운동에서는
물체의 각 점들이 특정한 시간 간격 동안
회전하는 각도는 같아.

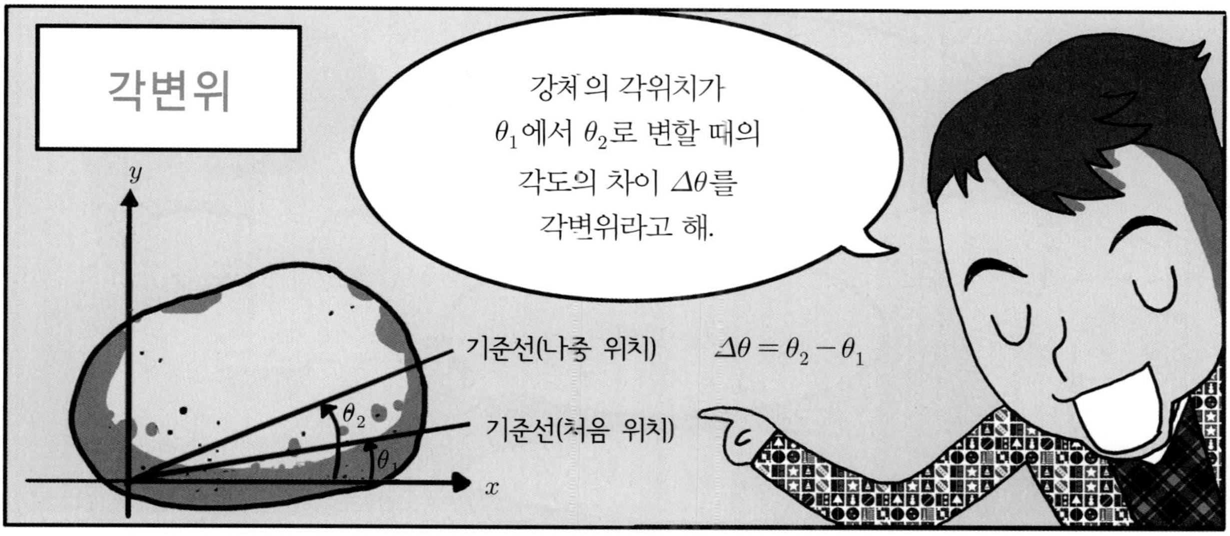
각변위
강체의 각위치가 θ_1에서 θ_2로 변할 때의 각도의 차이 $\Delta\theta$를 각변위라고 해.
y
x
기준선(나중 위치)
기준선(처음 위치)
θ_2
θ_1
$\Delta\theta = \theta_2 - \theta_1$

반시계 방향으로 돌면 양의 각변위($+\Delta\theta$),
시계 방향으로 돌면 음의 각변위 ($-\Delta\theta$)라고 하지.

각속도
회전체의 각위치가 시간 t_1에서 θ_1, 시간 t_2에서 θ_2라면 평균 각속도는
$$\omega_{avg} = \frac{\theta_2 - \theta_1}{t_2 - t_1} = \frac{\Delta\theta}{\Delta t}$$
선속도를 v라고 하는 것 같이 각속도는 ω

각속도라고 좀 더 둥글한 글자 ω(오메가)를 쓰는 건가요?
여기서 $\Delta\theta$는 각변위 Δt는 시간 간격
선속도랑 유사하구만!
(순간)각속도는 $\omega = \lim_{\Delta t \to 0} \frac{\Delta\theta}{\Delta t} = \frac{d\theta}{dt}$
선속도 $v = \frac{dx}{dt}$ 랑 정말 똑같네요.
각위치와 각변위의 단위는 rad(라디안)이었는데, 각속도의 단위는 뭐가 되겠니?
그거야 각변위를 시간으로 나눈 거니까? rad/s가 되겠죠!

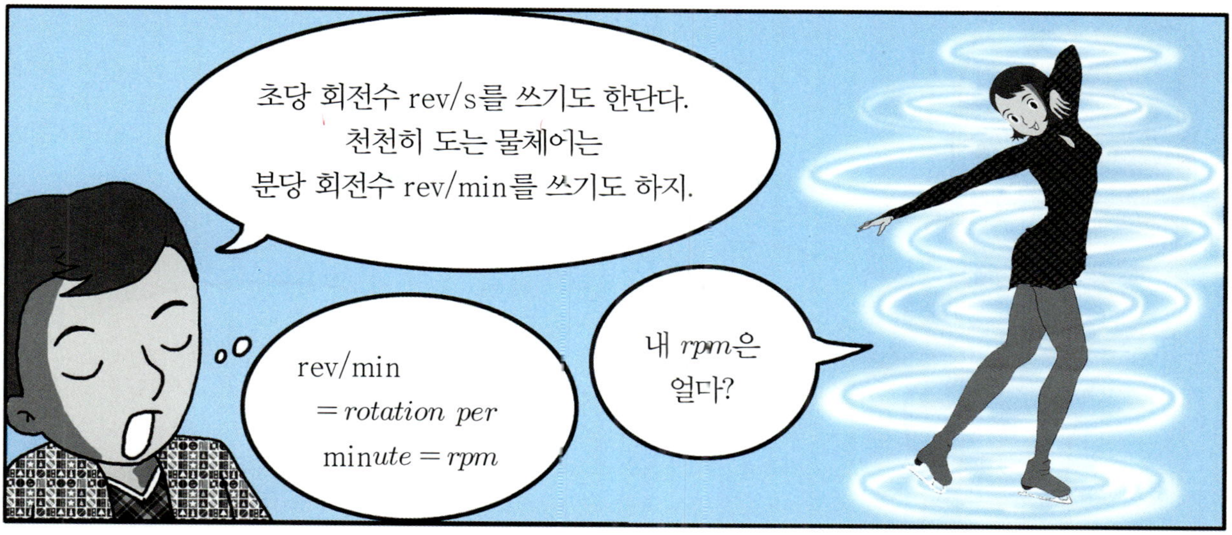

각가속도

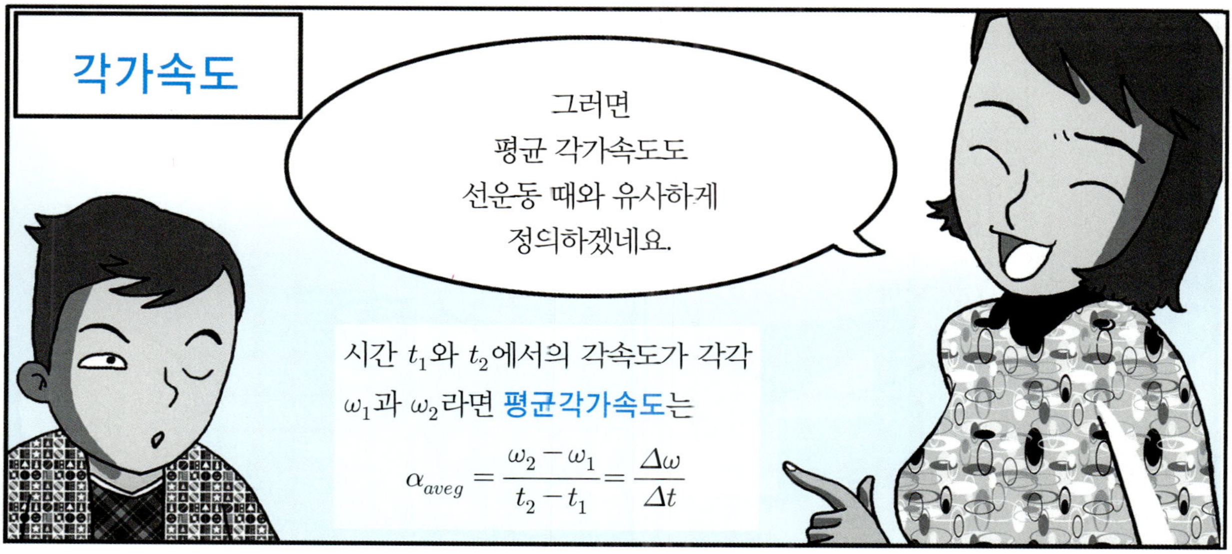

시간 t_1와 t_2에서의 각속도가 각각 ω_1과 ω_2라면 **평균각가속도**는

$$\alpha_{aveg} = \frac{\omega_2 - \omega_1}{t_2 - t_1} = \frac{\Delta\omega}{\Delta t}$$

따라서 (순간) 각가속도는
$\alpha = \lim_{\Delta X \to 0} \frac{\Delta \omega}{\Delta t} = \frac{d\omega}{dt}$
이것도 선가속도
$a = \frac{dv}{dt}$
와 같은 꼴이구나!
그리고, 각가속도의 단위는 rad/s^2 또는 rev/s^2이 되겠군요.
나는 천재
호… 호… 호
각속도, 각가속도도 벡터로 나타낼 수 있어.
예를 들면, 각속도는 오른손으로 회전 방향을 따라서 나머지 손가락을 말아 쥐었을 때 엄지가 가리키는 방향이야.
z
r
$\vec{\omega}$
크기는 ω

등각속도 회전운동

선운동	각운동
$v = v_0 + at$	$\omega = \omega_0 + \alpha t$
$x = x_0 + v_0 t + \frac{1}{2}at^2$	$\theta = \theta_0 + \theta_0 t + \frac{1}{2}\alpha t^2$
$v^2 = v_0^2 + 2a(x - x_0)$	$\omega^2 = \omega_0^2 + 2\alpha(\theta - \theta_0)$
$x = x_0 + \frac{1}{2}(v_0 + v)t$	$\theta = \theta_0 + \frac{1}{2}(\omega_0 + \omega)t$
$x = x_0 + v_t - \frac{1}{2}at^2$	$\theta = \theta_0 + \omega_t - \frac{1}{2}\alpha t^2$

각변수와 선변수의 관계

바깥에 타니까
너무 빨라요.

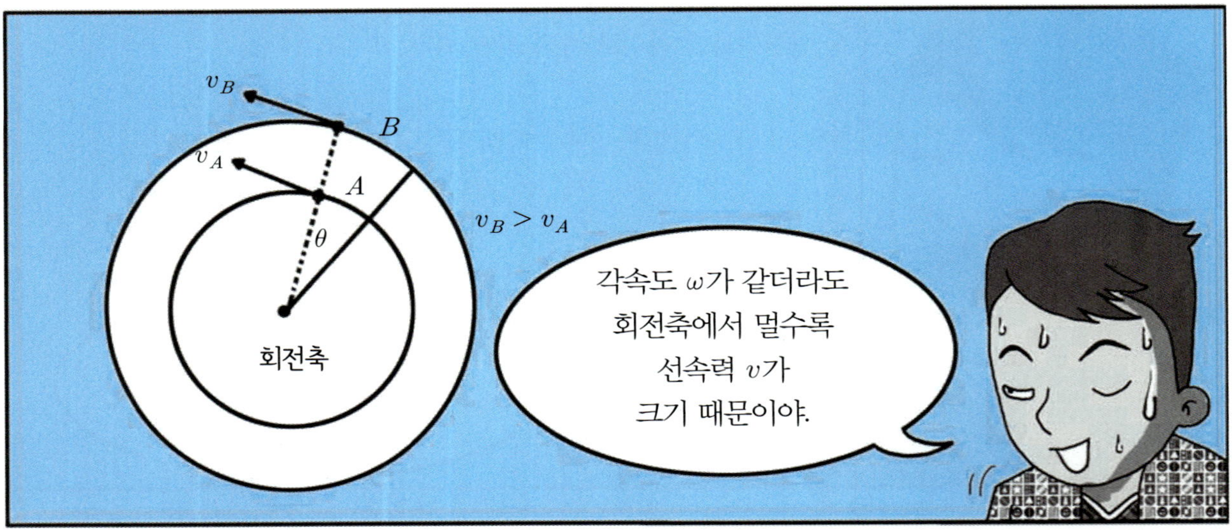
v_B
B
v_A
A
θ
$v_B > v_A$
회전축
각속도 ω가 같더라도
회전축에서 멀수록
선속력 v가
크기 때문이야.

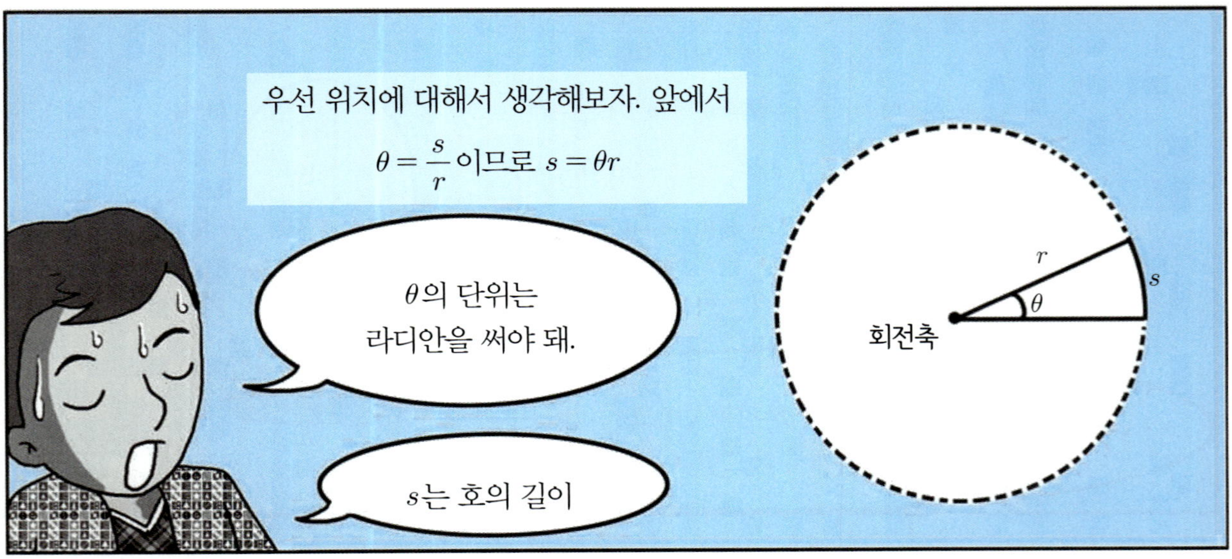
우선 위치에 대해서 생각해보자. 앞에서
$\theta = \dfrac{s}{r}$이므로 $s = \theta r$
θ의 단위는
라디안을 써야 돼.
s는 호의 길이
r
s
θ
회전축

x축을 따라서
이동한 위치가 아니라
원을 따라
이동한 위치니까
x 대신에 s를
썼군요!

속력은 위 식에서 반경 r을
상수로 두고 시간 미분하면
$\frac{ds}{dt} = \frac{d\theta}{dt}r$
어떤 점의 회전 반경은
변하지 않으니까 상수

θ의 단위는
반드시
라디안을 쓸 것!
여기서
$\frac{ds}{dt} = v$(선속력)
$\frac{d\theta}{dt} = \omega$(각속력)
이므로
$v = \omega r$
위치를
미분하면
속력

$v = \omega r$식에서 보듯이 각속력 ω가 일정하면 반경 r이 클수록 선속력 v가 크군요!
$\vec{v}$
회전축
그리고 선속도의 방향은 항상 원궤도의 접선 방향
그럼 선속력 v로 반경 r의 원을 한 바퀴 도는 데 걸리는 시간은 얼마겠니?
그거야 한 바퀴 도는 데 이동한 거리는 $2\pi r$(원주길이)이고 속력이 v니까.
$\frac{2\pi r}{v}$
이겠네요!

이것을 회전주기 T라고 한단다.
$T=\dfrac{2\pi r}{v}$
그런데 $v=\omega r$이니까, 대입하면
$T=\dfrac{2\pi r}{\omega r}=\dfrac{2\pi}{\omega}$
1회전($=2\pi$)를 각속력으로 나눈 거지.

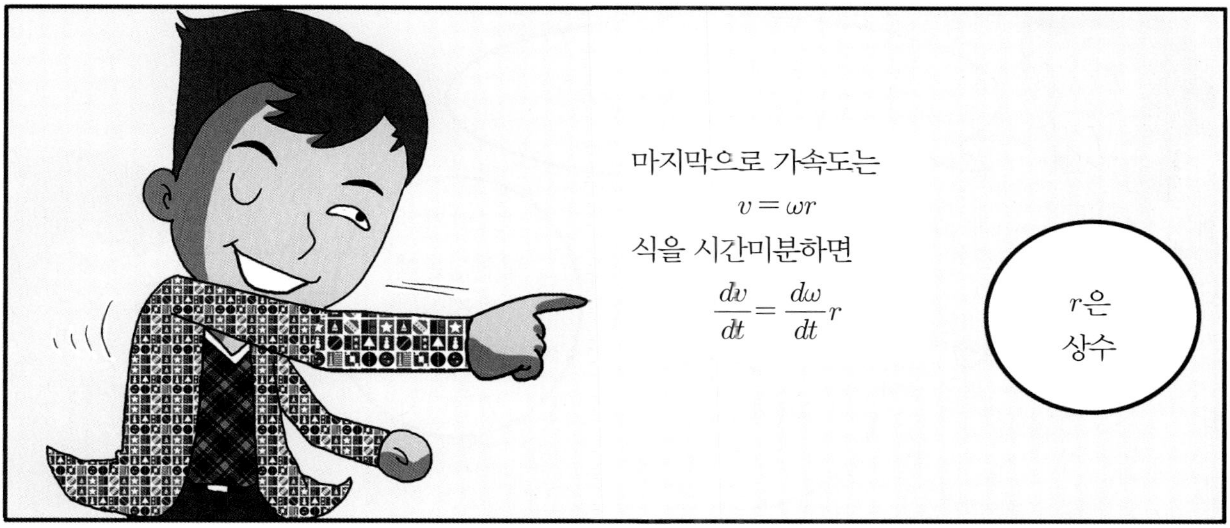
마지막으로 가속도는
$v=\omega r$
식을 시간미분하면
$\dfrac{dv}{dt}=\dfrac{d\omega}{dt}r$
r은 상수

여기서 우변의 $\dfrac{d\omega}{dt}=\alpha$(각가속도)야.
그런데 좌변의 $\dfrac{dv}{dt}$는 (선)가속도가 아니라 (선)가속도의 접선방향 성분이란다.

왜냐하면 접선방향의 선속력의 시간 변화율이니까.
그래서 $\frac{dv}{dt}$를 선가속도의 접선성분 a_t라고 하지. 그러면
$\frac{dv}{dt} = \frac{d\omega}{dt} r$은 $a_t = \alpha r$
단위는 라디안
그러면 선가속도는 다른 성분도 있다는 말인가요?
a_t
a_r
회전축
그렇지, 접선성분에 수직인 지름성분 a_r이 있단다.
$\vec{v}$
회전축
생각해봐.
선속도 $\vec{v}$가 원궤도의 접선을 따라서 튕겨나가지 않고 존재하려면 회전축 쪽으로 잡아당기는 가속도가 있어야 되겠지?

이것이 지름성분 a_r 이야.
그러니까 선가속도는 접선성분 a_t와 지름성분 a_r 의 합이군요.
회전에 의한 원운동이 선속도 $\vec{v}$의 크기, 즉 선속력 v가 일정한 등속원운동이라면 선가속도의 접선성분 $a_t = 0$야.
$\vec{v}$
회전축
위 그림과 같이
왜냐하면 선속력 v가 일정하니까
$a_t = \frac{dv}{dt} = 0$
이때는 선가속도의 지금 성분 a_r 만 있겠네요.
튕겨나가지 않게.

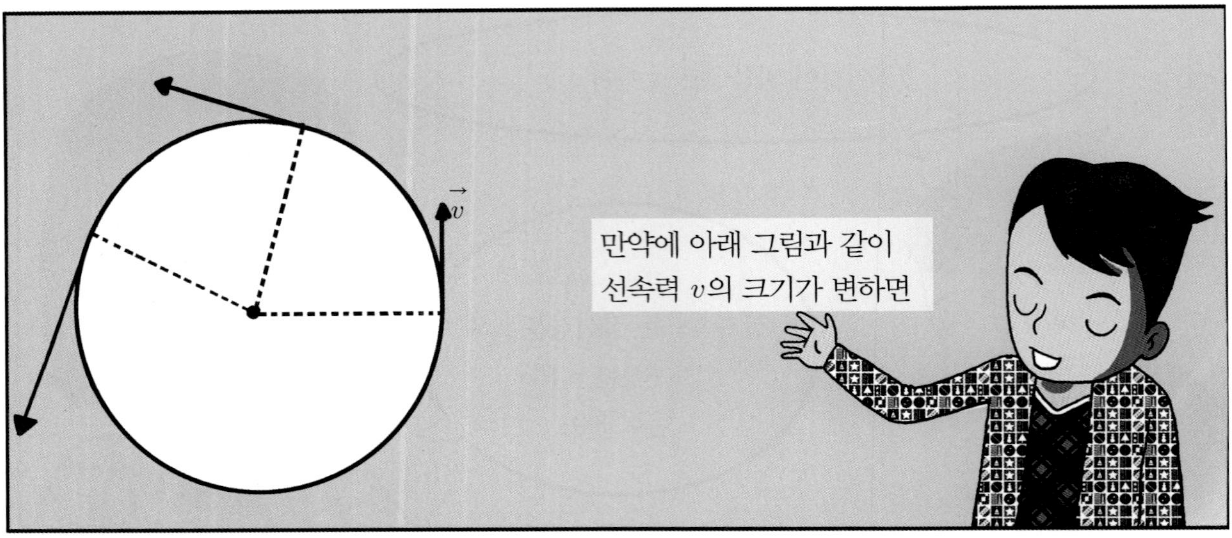
$\vec{v}$
만약에 아래 그림과 같이
선속력 v의 크기가 변하면

$a_t = \frac{dv}{dt} \neq 0$이므로
접선성분이 존재하지.
또 지름성분 a_r도 있는 거야.
a_r

지름성분 a_r은 앞의 선운동중 원
운동 부분에서 이미 배웠잖아요.
$a_r = \frac{v^2}{r}$

이 식에 앞의 $v = \omega r$을
대입하면
$$a_r = \frac{\omega^2 r^2}{r} \omega^2 r$$
을 얻는군요!
첫 번째
식에서
따라서
$$a_r = \omega^2 r$$
$$a_t = \alpha r$$
이 식을 음미하면, 각속도 ω가 영
이 아니면 (즉, 돌기만 하면) 선가
속도의 지름성분 a_r은 존재해.
도는 속력이
같아도
두 번째 식으로부터
점점
빨리 돌거나
빨랐다 느렸다
하며 돌거나
점점
느리게 돌거나
각가속도 α가 영이 아니면
(도는 속력이 바뀌면) 선가
속도의 접선성분 a_t는 존재
하는군요.

회전운동에너지
회전하는 물체의 운동에너지는 어떻게 구할까?

운동에너지는 앞에서 배운 대로 $K=\frac{1}{2}mv^2$인데, 음…,
그렇지.
질량 중심의 운동에너지를 구하면 안 될까요?

질량 중심
이런 접시는 회전하더라도 질량 중심은 움직이지 않으므로(즉, $v=0$) 질량 중심의 운동에너지는 영이잖아.
그렇구나.
음~, 그러면 물체 속의 모든 입자들의 운동에너지틀 더하면 어떨까요?
예스! 바로 그거야.

물체 속의 입자들 모두에 1, 2, 3, … 번호를 붙이면, 회전하는 물체 전체의 운동에너지는
$K=\frac{1}{2}m_1v_1^2+\frac{1}{2}m_2v_2^2+\frac{1}{2}m_3v_3^2+\cdots$
$=\sum\frac{1}{2}m_iv_i^2$
물체를 구성하는 모든 입자에 대한 합($\sum$)
이 식에 들어 있는 속도 v는 입자마다 다르므로 식을 간단히 하기 어려우니까, 앞에서 배운 $v=\omega r$을 대입하자.
$K=\sum\frac{1}{2}m_iv_i^2$
$=\sum\frac{1}{2}m_i(\omega r_i)^2$
$=\frac{1}{2}\left(\sum m_ir_i^2\right)\omega^2$
ω에는 첨자 i를 안 붙이나요?
회전축
ω는 각속력이니까, 모든 입자에 대해 같으니까, 안 붙이는 거야.
$\sum m_ir_i^2$는 회전체의 질량이 회전축에 대해서 어떻게 분포되어 있는지를 알려주는 양이야.
그럼, 이름이 있겠네요?
이름이 뭐에요
전화번호 뭐에요

회전관성 또는 관성모멘트
I라고 한단다!
$I = \sum m_i r_i^2$
단위는
$kg \cdot m^2$
이것을 식
$K = \frac{1}{2}(\sum m_i r_i^2)\omega^2$
에 대입하면
$K = \frac{1}{2} I\omega^2$
회전운동에너지
ω는
라디안 단위,
즉 rad/s를
써야 됨.
당구 큐대를
머리에 올려놓고
돌려봐.
이거야 쉽지.
싹 싹
회전축
휙
휙
휙
회전축
이번에는
이렇게 돌려봐.
어떻게 돌리는 게
더 쉬워?
이렇게요.

왜일까?
글쎄요.
WHY?
으이그~
회전축
질량이 회전축에 훨씬 더 가깝게 모여 있기 때문이야!
회전관성 (또는 관성모멘트) 은 어느 경우가 더 작겠니?
회전관성은 $I=\sum m_i r_i^2$ 인데 이 경우가 질량 m_i가 분포되어 있는 반경 r_i가 더 작으니까, 이 경우가 더 작겠네요.
P
r_i
회전축
점(입자) P의 질량 m_i
일반적으로 회전관성이 작으면 회전시키기 쉽단다.
당근!
관성이 작으니까!

강체는 수많은 입자가
빽빽이 연속적으로 모여 있는 물체니까
회전관성 $\sum m_i r_i^2$을 실제로 계산하려면
적분을 해야 해. 즉,
$I=\int r^2 dm$
적분=연속적인 합
dm : 질량요소
질량이 M,
길이가 L인 가늘고 균일한 막대가
그림과 같이 회전할 때
이 적분을 계산해 보자.
좌표축은
이렇게 잡고
회전축
x
$-\frac{L}{2}$
0
$\frac{L}{2}$
우선 막대를
미속간격 dx의 매우 작은 토막들로 나눠.
그리고 이 작은 토막 하나의 질량을
dm이라고 하자꾸나.
회전축
dx, dm
x
$-\frac{L}{2}$
0
r_i
$\frac{L}{2}$

그러면 회전관성 $\sum m_i r_i^2$은 이 작은 토막들이 회전축으로부터 떨어진 거리 r의 제곱에 토막의 질량 dm을 곱해서 모두 더하면 되는 거지! 즉, $I = \sum r_i^2 dm$
그런데 막대의 길이 방향을 x축으로 잡았으므로, 회전축으로부터 토막까지의 거리 r_i는 결국 x_i가 되니까 $I = \sum x_i^2 dm$
한편 막대의 길이가 L일 때 질량이 M이므로, 길이가 dx일 때의 질량은 $\frac{M}{L}dx$
L
M
dx

이것이 dm이므로
$dm = \frac{M}{L}dx$
dx, dm
이것을
$I = \sum x_i^2 dm$
에 대입하면
$I = \sum x_i^2 \left(\frac{M}{L}dx\right)$
이제 미소간격 $dx \to 0$ (영에 수렴하게 매우 작게)하면, 결국은 연속적인 합이 되어 $\sum$가 $\int$ (적분)으로 바뀌어서
토막이 안 보일 정도로 작아지네요.
$I = \int_{-\frac{L}{2}}^{\frac{L}{2}} x^2 \left(\frac{M}{L}\right) dx$
$\sum$를 쭉 펴면 $\int$이 되는군!
x_i도 x_1, x_2, x_3와 같이 토막 하나하나에 대한 불연속적인 것으로부터

$-\frac{L}{2}$부터 $\frac{L}{2}$까지의 x라는 연속적인 값이 되는 거지.
그럼 이제 계산할 수 있겠지?
옙! $I=\int_{-\frac{L}{2}}^{\frac{L}{2}} x^2\left(\frac{M}{L}\right)dx$ $=\frac{M}{L}\int_{-\frac{L}{2}}^{\frac{L}{2}} x^2 dx$
$\frac{M}{L}$은 상수
적분하면 $=\frac{M}{L}\frac{1}{3}\left[x^3\right]_{-L/2}^{L/2}$ $=\frac{M}{3L}\left[\left(\frac{L}{2}\right)^3-\left(-\frac{L}{2}\right)^3\right]$ $=\frac{M}{3L}\left(\frac{L^3}{8}+\frac{L^3}{8}\right)$ $=\frac{M}{3L}\left(\frac{L^3}{4}\right)$ $I=\frac{1}{12}ML^2$
짝
짝 짝
우ㅡ와
다음은 이런 식으로 계산한 몇몇 물체의 회전관성이야.
축
속이 찬 원통 길이에 수직한 중심축에 대한 회전
L
R
$I=\frac{1}{4}MR^2+\frac{1}{12}ML^2$

속이 찬 원통(또는 원판)
중심축에 대한 회전

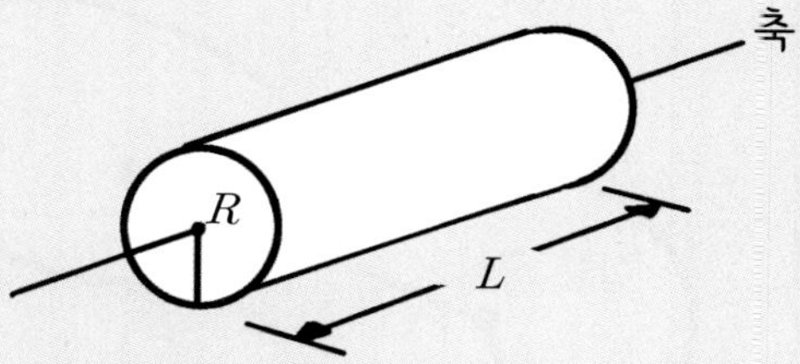

$$I=\frac{1}{2}MR^2$$

속이 찬 구
중심을 지나는 축에 대한 회전

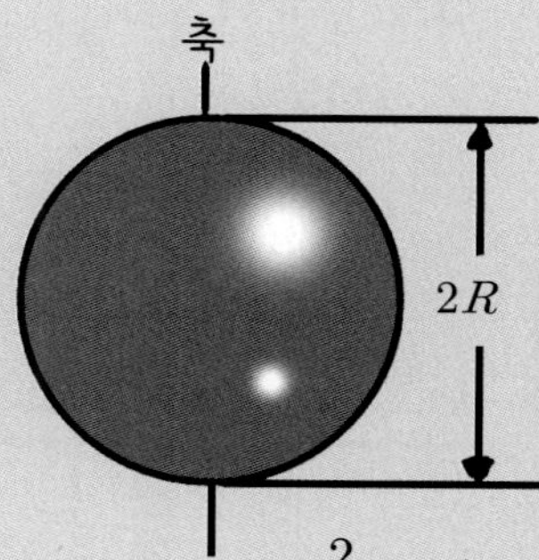

$$I=\frac{2}{5}MR^2$$

속이 빈구 (구 껍질)
중심을 지나는 축에 대한 회전

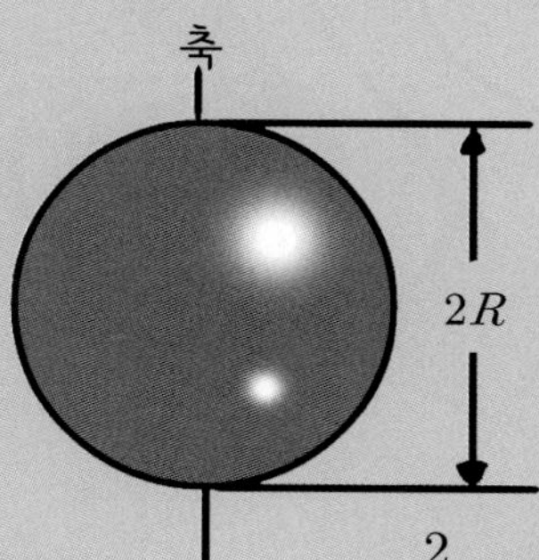

$$I=\frac{2}{3}MR^2$$

가는 고리
중심축에 대한 회전

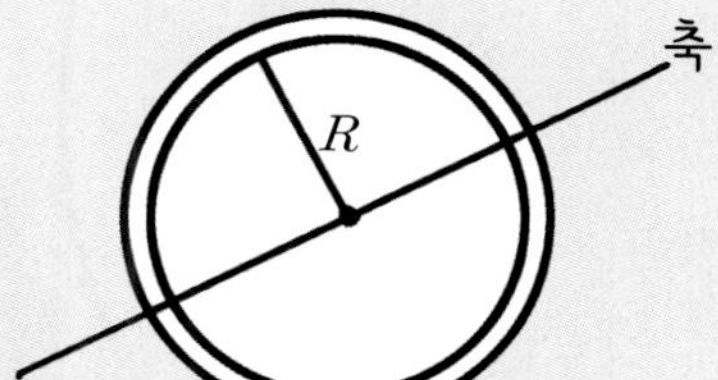

$$I=MR^2$$

가는 고리
지름을 지나는 축에 대한 회전

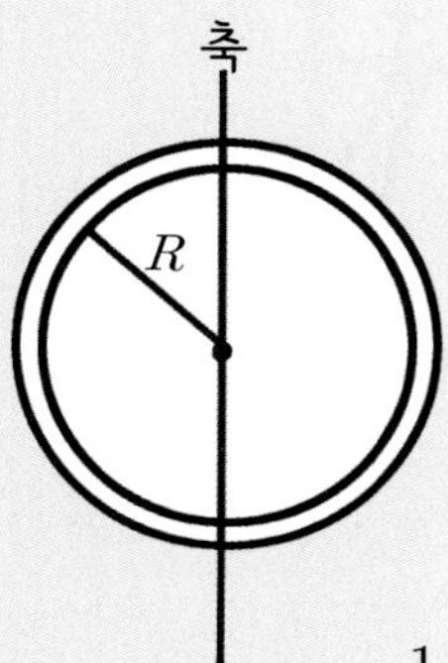

$$I=\frac{1}{2}MR^2$$

두께가 있는 원통
중심축에 대한 회전

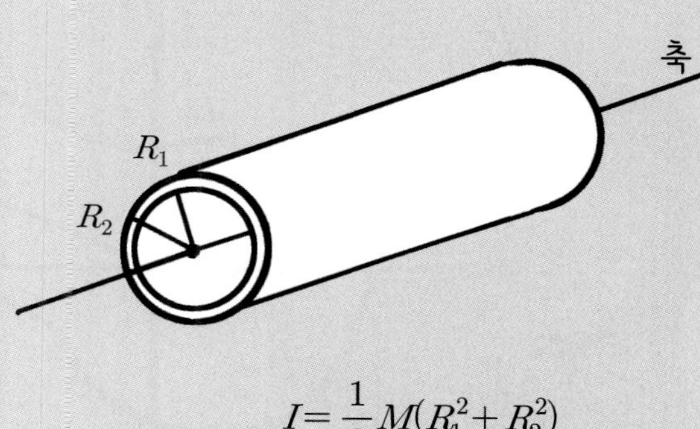

$$I=\frac{1}{2}M(R_1^2+R_2^2)$$

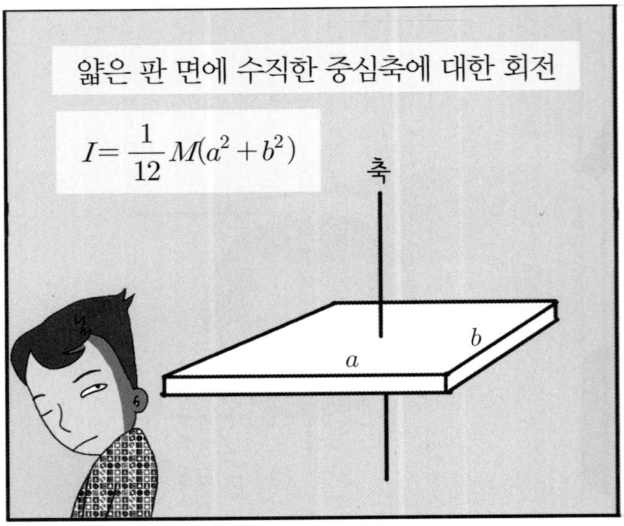
얇은 판 면에 수직한 중심축에 대한 회전
$I=\frac{1}{12}M(a^2+b^2)$
축
a
b

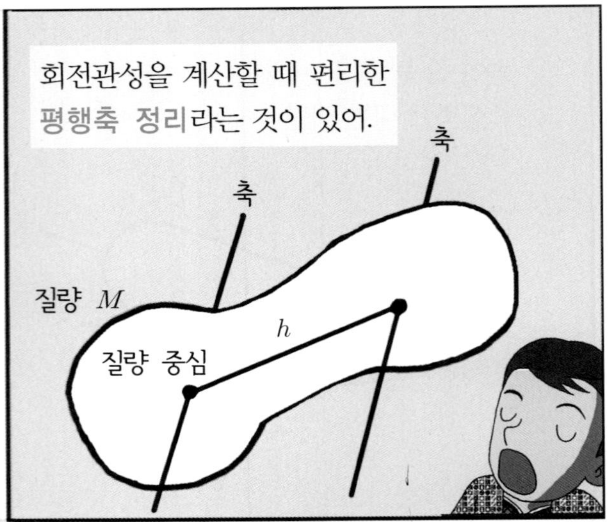
회전관성을 계산할 때 편리한 평행축 정리라는 것이 있어.
축
축
질량 M
질량 중심
h

질량 중심을 지나는 축에 대한 회전관성 I_{com}을 알고 있다면 이 축과 평행이면서 수직 거리 h 떨어진 축에 대한 회전관성 I는 $I=I_{com}+Mh^2$
이것이 평행축 정리

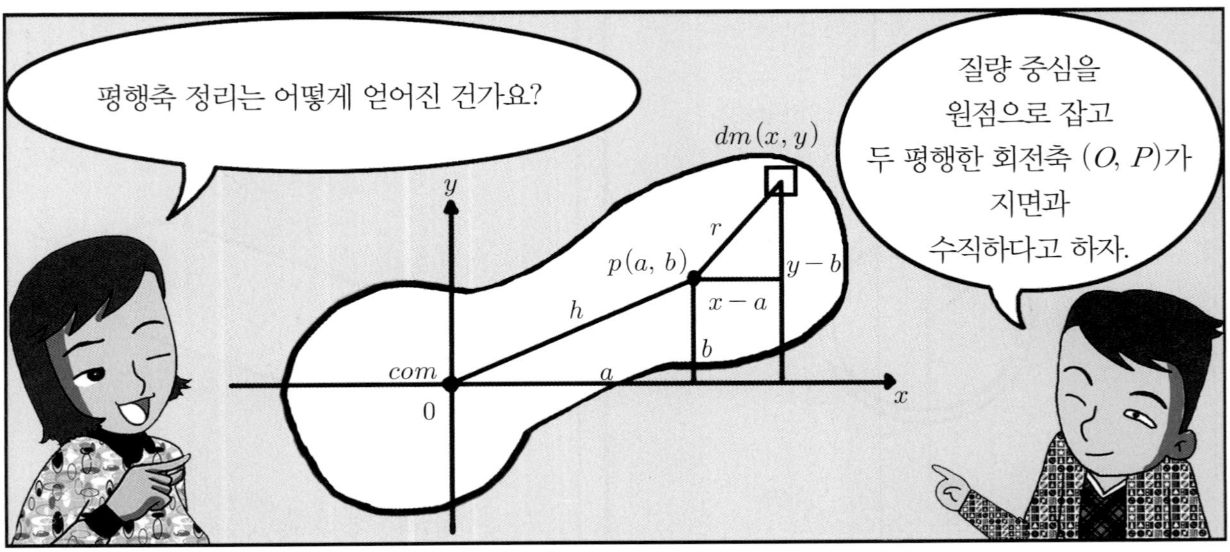
평행축 정리는 어떻게 얻어진 건가요?
질량 중심을 원점으로 잡고 두 평행한 회전축 (O, P)가 지면과 수직하다고 하자.
$dm(x, y)$
y
r
$p(a, b)$
$y-b$
$x-a$
h
b
com
a
0
x

또, 회전관성을 계산하려는 평행한 축이 지나가는 점 P의 좌표를 (a, b)라고 하자.
점 P를 지나는 축에 대한 회전관성을 구하기 위하여, 좌표가 (x, y)인 임의의 한 점에서의 질량요소(미소부분의 질량)를 dm이라고 하면, 회전관성 I는 $I=\int r^2 dm$
r은 P축과 dm 사이의 거리
그런데 그림에서와 같이 $r^2=(x-a)^2+(y-b)^2$
피타고라스 정리
이것을 대입하면 $I=\int\left[(x-a)^2+(y-b)^2\right]dm$
전개해서 정리하면 $I=\int(x^2+y^2)dm+\int(a^2+b^2)dm-2a\int xdm-2b\int ydm$

첫 번째 항 속의 x^2+y^2은 점 0와 dm 간의 거리를 R이라고 하면
$x^2+y^2=R^2$
$\int (x^2+y^2)dm$
y
$dm(x,y)$
R
$p(a, b)$
com
0
x
x
따라서, 첫 번째 항은
$\int R^2 dm$
이것은 질량 중심축에 대한 회전관성이므로
$\int R^2 dm = I_{com}$
두 번째 항 속의 a^2+b^2은 점 0과 점 P 간의 거리, 즉 h의 제곱이므로
$a^2+by^2=h^2$
$\int (a^2+b^2)dm$
b
$P(a, b)$
h
0
a
따라서 두 번째 항은
$\int h^2 dm = h^2 \int dm$
$= h^2 M$
$\int dm$은 질량요소들을 모두 더한 것이니까 총질량 M이 됨.

세 번째와 네 번째 항의 $\int x\,dm$과 $\int y\,dm$는
총질량 M으로 나누면
$\frac{1}{M}\int xdm = x_{com} = 0$
$\frac{1}{M}\int ydm = y_{com} = 0$
질량 중심의 x, y좌표의 정의

x_{com}과 y_{com}은 질량 중심의 x, y좌표인
데, 질량 중심을 원점으로 잡았으니까
모두 영이지, 따라서
$\int x\,dm \approx 0$, $\int y\,dm \approx 0$
그러므로 세 번째 항과 네 번째 항
$-2a\int xdm = 0$, $-2b\int ydm = 0$

이상을 종합하면 점 P를 지나
는 축에 대한 회전관성
$I = I_{com} + Mh^2$
을 얻는 거지!
평행축 정리

토크
torque
끙끙,
이 맷돌은 돌리기가
왜 이렇게
힘들지?
하하하!
손잡이가 안쪽(회전축과 가까운 쪽)
에 달려 있어서
그래.
손잡이를
바깥쪽(회전축과 먼 쪽)에
바꿔 달았으니까,
다시 돌려봐.
이제
잘 돌아가네.
쌩 쌩

힘을 가해서
무언가를 돌리거나 비트는 작용을
토크라고 한단다.
$\vec{F}$
r
회전축
힘을 가했을 때
물체가 회전되는 정도(=토크)는
가해진 힘의 크기와 회전축에서
얼마나 떨어진 곳에 힘을 가하느냐에
달려 있으니까 토크 τ는
다음과 같이 정의해
$\tau = rF$
τ : 타우
만약 힘이 비스듬히
작용한다면
$\vec{F}$
ϕ
r
회전축
힘을 두 성분, 지름성분
F_r과 접선성분 F_t로 나
눠서 생각해야겠네요.
$\vec{F}$
F_t
ϕ
F_r
r
회전축

지름성분은 회전을 일으키지 않고 접선성분
$F_t = F\sin\phi$
이 회전을 시키는군요.
그러면 이 경우 토크 τ는
$\tau = rF_t = rF\sin\phi$
가 되네요!
$\vec{F}$
ϕ
ϕ
r
$r\sin\phi = r_\perp$
$r\sin\phi$는 요거야.
이 식은
$\tau = (r\sin\phi)(F)$
라고 쓸 수도 있겠지?
힘 $\vec{F}$의 연장선을 $\vec{F}$의 작용선, $r\perp(=r\sin\theta)$를 $\vec{F}$의 모멘트 팔이라고 한단다.
이런 용어를 쓰면, r을 힘의 접선성분 F_t의 모멘트 팔이라고 생각할 수도 있지.
F_t
r

토크의 단위는 뭔가요?
$\tau = r \cdot F$니까, $N \cdot m$지.
일의 단위와 같네요!
$N \cdot m = J$ 인데…
그렇지만 토크는 일과 전혀 다른 물리량이라서 줄(J)이라는 단위는 쓰지 않아.
일은 물체에 힘을 가해서 물체를 이동시키는 것이지만,
쾅
철컥
쾅
딸깍
쾅
토크는 물체에 힘을 가해서 물체를 회전시키기만 하는 것이네요!

회전에 관한 뉴턴의 제2법칙
선운동에서의 뉴턴의 제2법칙 $F = ma$ 가 회전운동에서는 어떻게 표현될 수 있는지 생각해보자.
질량 m인 입자가 길이 r인 막대에 매달려서 회전축을 중심으로 돌고 있다.
$\vec{F}$
F_t
F_r
ϕ
m
r
막대
회전축
힘 $\vec{F}$의 접선성분 F_t만 입자를 가속시킬 수 있으므로, 뉴턴의 제2법칙을 적용할 수 있겠네요. $F_t = ma_t$
a_t : 접선성분의 가속도
그렇지! 그런데 앞에서 토크 τ는 $\tau = F_t r$ 이었으니까, $F_t = ma_t$를 대입하면 $\tau = ma_t r$

또 앞에서
$a_t = \alpha r$
이었으니까 대입하면
$\tau = m(\alpha r)r = mr^2\alpha$
α는 각가속도
복습 $a_t = \alpha r$이 되는 이유
$v = \omega r$(ω : 각속도)
양변미분
$\frac{dv}{dt} = \frac{d\omega}{dt}r$
a_t
α
접선방향의 선속력의 시간미분이므로 접선성분의 가속도
각속도의 시간미분이므로 각가속도
여기서 mr^2은 회전관성이네요! 즉, $mr^2 = I$ 따라서 $\tau = I\alpha$
리디안 단위를 써야 되.
딱
토크는 힘에 해당하네요!
$F = ma$와 유사한 형태의 식이지? 물론 여러 개의 힘이 작용하면 알짜 토크 τ_{net}를 써서 $\tau_{net} = I\alpha$

회전운동에 의한 일과
회전운동에너지
한번만 돌려주세요.
엄마야,
점점 빨리 도네!
휙 휘~이 휙
돌리는 것도 일이야.
회전운동에서는
토크가 힘에 해당하니까
토크에 의한 일 W는
$W = \tau\Delta\theta = \tau(\theta_f - \theta_i)$
θ_f
θ_i
$\Delta\theta$
θ_i, θ_f는
각각 처음과 나중
각위치
선운동에서 힘 $\vec{F}$에 의한 일 W가
$W = F\Delta x = F(x_f - x_i)$
되는 것과 유사하군요.
x_i, x_f는
각각
처음과 나중위치
$\Delta x = d$

만약 토크가
일정하지 않고 변하면
적분을 써야 하니까
$W=\int_{\theta_i}^{\theta_f}\tau d\theta$
또, 만약 토크를 가해서 일 W를 했을 때, 회전운동에너지만 변했다면, 회전운동에너지의 변화량 ΔK는 일 W와 같을 테니까
$\Delta K = W$
좀 더 자세히 쓰면
$\Delta K = K_f - K_i$
$\frac{1}{2}I\omega_f^2 - \frac{1}{2}I\omega_i^2 = W$
(일−운동에너지 정리)
회전운동의
운동에너지
$K=\frac{1}{2}I\omega^2$
회전운동의 일률(시간당 일) p는 일 $W=\tau\Delta\theta$를 시간 미분해서
$p=\frac{dW}{dt}=\tau\frac{d\Delta\theta}{dt}=\tau\omega$
이동한 각도 $\Delta\theta$를
시간미분하면
각속도 ω가 되니까.

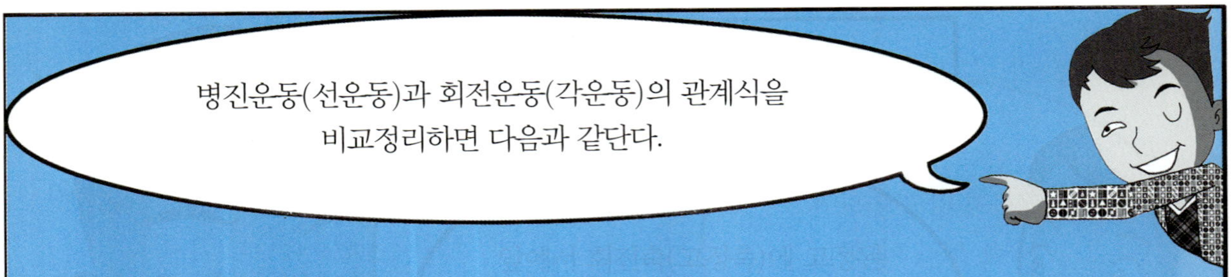

순수한 병진운동(고정된 방향)		순수한 회전운동(고정축)	
위치	x	각위치	θ
속도	$v = dx/dt$	각속도	$\omega = d\theta/dt$
가속도	$a = dv/dt$	각가속도	$\alpha = d\omega/dt$
질량	m	회전관성	I
뉴턴 제2법칙	$F_{net} = ma$	뉴턴 제2법칙	$\tau_{net} = I_\alpha$
일	$W = \int Fdx$	일	$W = \int \tau d\theta$
운동에너지	$K = \frac{1}{2}mv^2$	운동에너지	$K = \frac{1}{2}I\omega^2$
일률(일정한 힘)	$p = Fv$	일률(일정한 토크)	$p = \tau\omega$
일-운동에너지 정리	$W = \Delta K$	일-운동에너지 정리	$W = \Delta K$

퀴즈 1 중심축에 대하여 회전하고 있는 원판의 각가속도가 다음과 같이 주어진다.

$$\alpha(t) = 3t^2 - t \text{ rad/s}^2$$

$t=0$에서 원판의 각속도는 4 rad/s이고, 각위치는 2 rad이다.

(a) 원판의 각속도 $\omega(t)$를 구하라.

(b) 원판의 각위치 $\theta(t)$를 구하라.

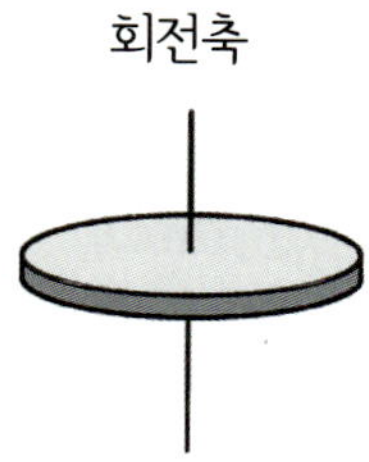

답 (a) 각속도 $\omega(t)$는 각가속도 $\alpha(t)$를 시간에 대해 적분한 것이므로

$$\omega(t) = \int (3t^3 - t)dt = \frac{3}{4}t^4 - \frac{1}{2}t^2 + C$$

$t=0$일 때의 각속도 $\omega(0) = 4$ rad/s이므로,
위 식에 $t=0$를 대입하면

$$\omega(0) = \frac{3}{4}(0)^4 - \frac{1}{2}(0)^2 + C = C = 4$$

따라서

$$\omega(t) = \frac{3}{4}t^4 - \frac{1}{2}t^2 + 4 \text{ rad/s}$$

(b) 각위치 $\theta(t)$는 각속도 $\omega(t)$를 시간에 대해 적분한 것이므로

$$\theta(t) = \int \left(\frac{3}{4}t^4 - \frac{1}{2}t^2 + 4\right)dt = \frac{3}{20}t^5 - \frac{1}{6}t^3 + 4t + C$$

$t=0$일 때의 위치 $\theta(0) = 2$ rad이므로,
위 식에 $t=0$를 대입해서 C를 구하면

$$\theta(0) = 0 - 0 + 0 + C = 2$$

따라서

$$\theta(t) = \frac{3}{20}t^5 - \frac{1}{6}t^3 + 4t + 2$$

퀴즈 2

팽이가 중심축에 대하여 돌아간다. 기준선의 각위치 $\theta(t)$가 다음과 같이 주어진다.

$\theta(t) = -2.0 - 0.50\,t + 0.30\,t^2$ (라디안)

(a) $t = 2.0$ s일 때의 각속도 ω를 구하라.

(b) $t = 1.0$ s일 때의 각가속도 α를 구하라.

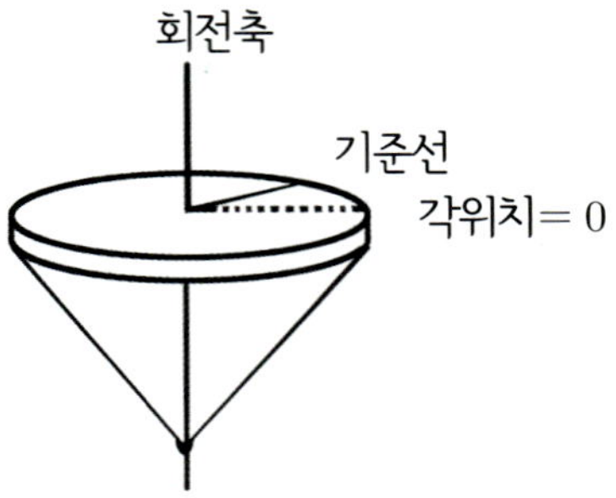

답

(a) 각속도 ω는 위치 θ를 시간미분한 것이므로

$$\omega = \frac{d\theta(t)}{dt} = -0.50 + 2(0.30)t$$

여기에 $t = 2.0$ s를 대입하면

$$\omega_{t=2.0} = -0.50 + 2(0.30)(2.0)$$
$$= 0.70 \text{ rad/s}$$

(b) 각가속도 α는 각속도 ω를 시간미분한 것이므로

$$\alpha = \frac{\omega(t)}{dt} = 2(0.30) = 0.60 \text{ rad/s}^2$$

각가속도 α는 시간에 관계없이 일정(등각가속도운동)하게 0.60 rad/s^2이므로, $t = 1.0$ s일 때도 0.60 rad/s^2이다.

퀴즈 3 관람차가 등각가속도 $0.1\ \text{rad/s}^2$으로 돌고 있다. 초기 각속도는 $-5\ \text{rad/s}$이고 초기 각위치는 $0\ \text{rad}$이다.

(a) 관람차는 어느 방향으로만 도는가?

(b) 관람차가 순간적으로 멈추는 시간을 구하라.

(c) 관람차가 반시계 방향으로 3회전하는데 걸리는 시간을 구하라.

답 (a) 초기 각속도가 (−), 즉 시계 방향이므로 시계 방향으로 회전하다가, 각가속도가 (+)이니까 어느 시점에서 회전방향을 바꿔서 반시계 방향(+방향)으로 돈다.

(b) 순간적으로 멈춘다는 것은 각속도 $\omega=0$라는 것이므로 이때의 시간을 구하면 된다. 등각가속도 운동에 대한 기본방정식 $\omega=\omega_0+\alpha t$에 각속도 $\omega=0$, 초기각속도 $\omega_0=-5\ \text{rad/s}$, 등각가속도 $\alpha=0.1\ \text{rad/s}^2$을 대입하면 $0=-5+(0.1)t$

$t=50$초

(c) 반시계 방향으로 3회전했을 때는 각위치 θ가 $\theta=3\times 2\pi=6\pi$일 때이다.

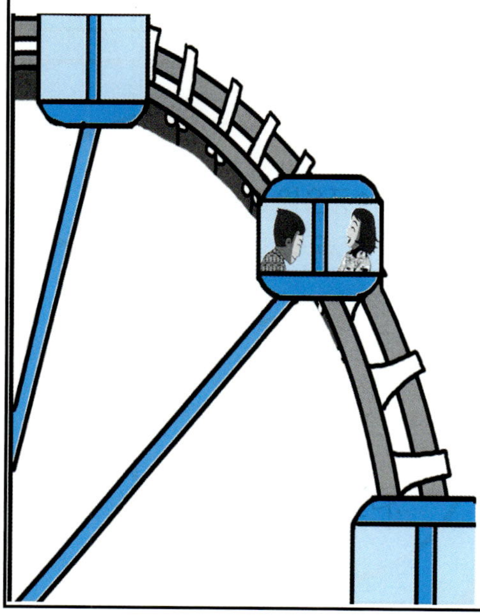

답

$\pi = 3$으로 했음

등각가속도운동에 대한 또 다른 기본방정식

$$\theta = \theta_0 + \omega_0 t + \frac{1}{2}\alpha t^2$$

에 각위치 $\theta = 6\pi = 6(3)$ rad, 초기각위치 $\theta_0 = 0$ rad, 초기각속도 $\omega_0 = -5$ rad/s, 등각가속도 $\alpha = 0.1$ rad/s^{2}을 대입하면

$$6(3) = 0 - 5t + \frac{1}{2}(0.1)t^2$$

내림차순으로 정리하면

$$0.05t^2 - 5t - 18 = 0$$

t에 관한 2차방정식이므로 근의 공식을 이용하여 t를 구하면

$$t = \frac{5 \pm \sqrt{(-5)^2 - 4(0.05)(-18)}}{2(0.05)}$$

$$= \frac{5 \pm \sqrt{29}}{0.1}$$

$$= \frac{5 \pm 5.4}{0.1} = \begin{cases} 104\ s \\ -4\ s \end{cases}$$

따라서

$$t = 104\ s = 1\text{분}44\text{초}$$

복습

2차방정식 $ax^2 + bx + c$의 근의 공식은

$$x = \frac{-b \pm \sqrt{b^2 - 4ac}}{2a}$$

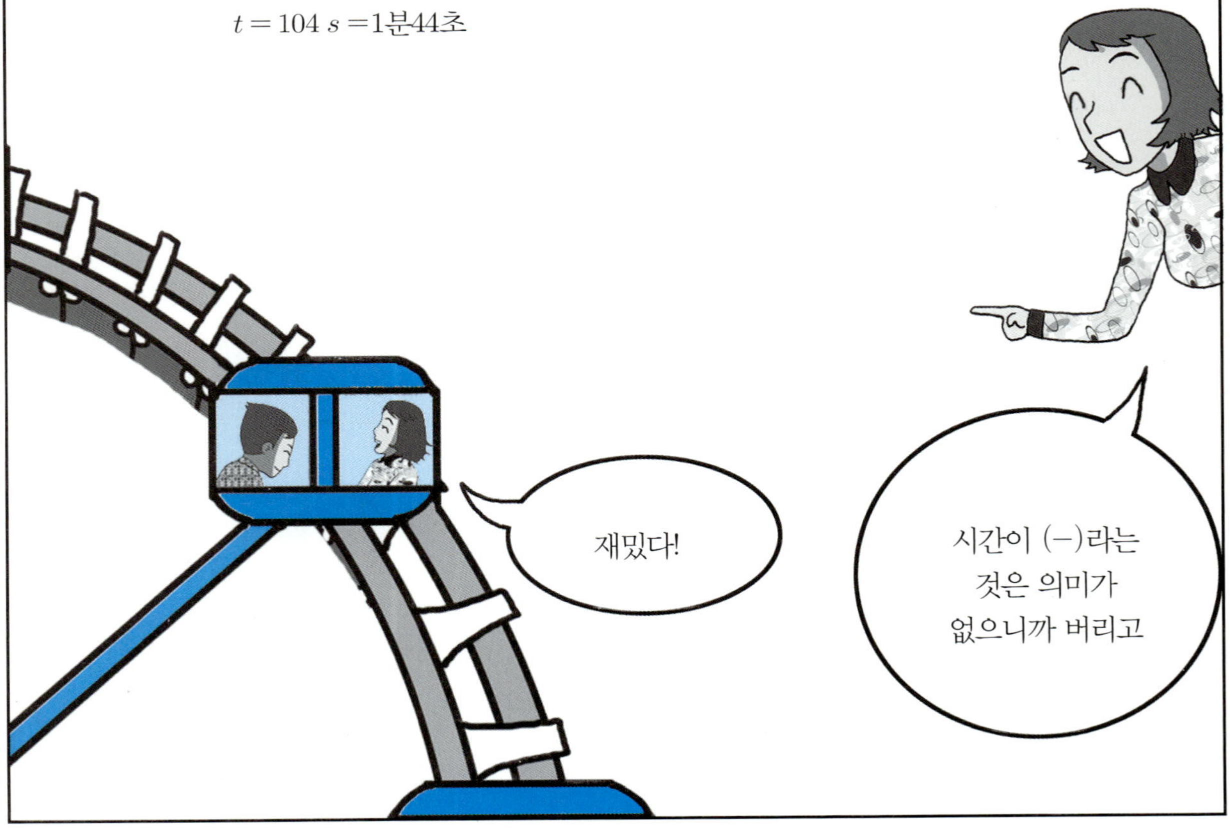

퀴즈 4 반경 1.75 m인 비행기 프로펠라가 반시계 방향으로 회전하고 있다.

(a) 프로펠라가 선속력 300 m/s로 등속원 운동을 할 때 각속력, 회전주기, 선가속도의 접선성분, 선가속도의 지름성분을 구하라.

(b) 프로펠러가 등각가속도 2.31 rad/s^{2}으로 회전할 때 시간 $t = 5.00$ s에서의 각속력, 선속력, 선가속도의 접선성분과 지름성분을 구하라. 단, 초기 각속력은 영이다.

답 (a) 선속력 $v = \omega r$이므로 각속력 $\omega = \frac{v}{r}$

$v = 300$ m/s, $r = 1.75$ m를 대입하면

$$\omega = \frac{300}{1.75} \approx 171 \text{ rad/s}$$

회전주기 $T = \frac{2\pi r}{v} = \frac{2\pi}{\omega} = \frac{2(3.14)}{171} \approx 0.0367$ s

선가속도의 접선성분 $a_t = \frac{dv}{dt} = \alpha r = 0$

선가속도의 지름성분

$$a_r = \frac{v^2}{r} = \omega^2 r$$
$$= (171)^2 (1.75)$$
$$\approx 51200 \text{ m/s}^2$$

답

(b) 각속력 ω는 등각가속도에 관한 방정식으로부터

$\omega = \omega_0 + \alpha t$

여기에 초기각속력 $\omega_0 = 0$, 등각가속도 $2.31\ rad/s^2$, $t = 5\ s$를 대입하면

$\omega = 0 + (2.31)(5) \approx 11.5\ rad/s$

선속력 $v = \omega r$이므로, $\omega = 11.5\ rad/s$, $r = 1.75\ \mathrm{m}$를 대입하면

$v = (11.5)(1.75) \approx 20.1\ \mathrm{m/s}$

선가속도의 접선성분 $a_t = \alpha r$이므로, $\alpha = 2.31\ rad/s^2$, $r = 1.75\ \mathrm{m}$를 대입하면

$a_t = (2.31)(1.75) \approx 4.04\ \mathrm{m/s^2}$

선가속도의 지름성분

$$a_r = \frac{v^2}{r} = \omega^2 r$$

이므로

$\omega = 11.5\ rad/s$, $r = 1.75\ \mathrm{m}$

를 대입하면

$$a_r = (11.5)^2(1.75) \approx 231\ \mathrm{m/s^2}$$

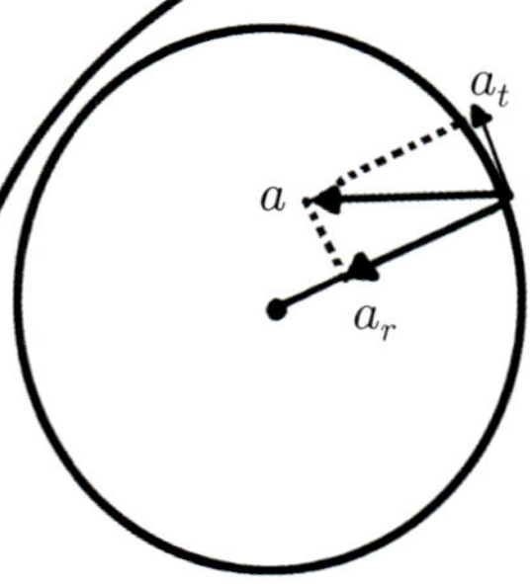

참고로 선가속도의 크기 a는

$$a = \sqrt{a_t^2 + a_r^2} = \sqrt{(4.04)^2 + (231)^2} \approx 23.1\ \mathrm{m/s^2}$$

퀴즈 5

질량 0.10 kg의 두 입자가 길이 2.0 m인 철사에 연결되어 있다. 철사의 질량은 무시한다.

(a) 철사에 수직하게 질량 중심을 지나는 회전축에 대한 회전관성을 구하라.

(b) 질량 중심을 지나는 회전축과 평행하고 왼쪽 입자를 지나는 회전축에 대한 회전관성을 구하라.

(c) 각속도가 4 rad/s일 때 (a)와 (b)의 경우에 대해 회전운동에너지를 구하라.

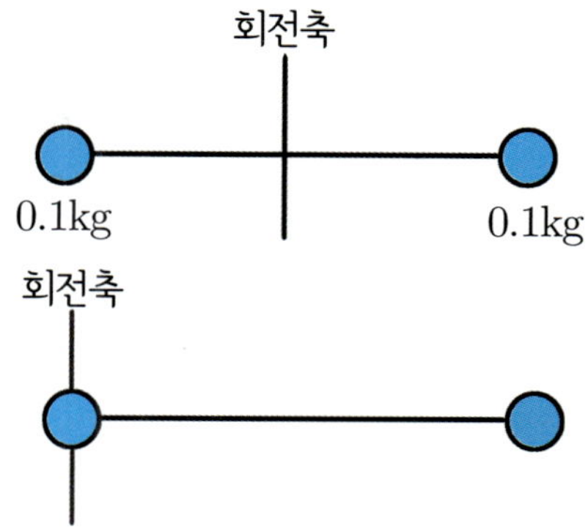

답

(a) 두 입자로 이루어진 계이므로 회전관성 I는, 적분을 하지 않아도 되며 다음 식을 사용할 수 있다.

$$I = \sum m_i r_i^2 = m_1 r_1^2 + m_2 r_2^2$$

여기서 m_1, m_2는 각각 두 입자의 질량이므로

$m_1 = m_2 = 0.1$ kg이고, r_1, r_2는 각각 회전축과 두 입자 사이의 수직거리이다. 두 입자의 질량이 같으므로 질량 중심은 철사의 중앙이다. 회전축이 질량 중심을 지나므로, 회전축과 입자 사이의 거리 $r_1 = r_2 = \left(\frac{1}{2}\right)(2)\text{ m} = 1\text{ m}$이다. 이 값들을 대입하면

$$I = (0.1\text{ kg})(1\text{ m})^2 + (0.1\text{ kg})(1\text{ m})^2 = 0.20\text{ kg}\cdot\text{m}^2$$

(b) 이 경우에도 같은 식

$$I = m_1 r_1^2 + m_2 r_2^2$$

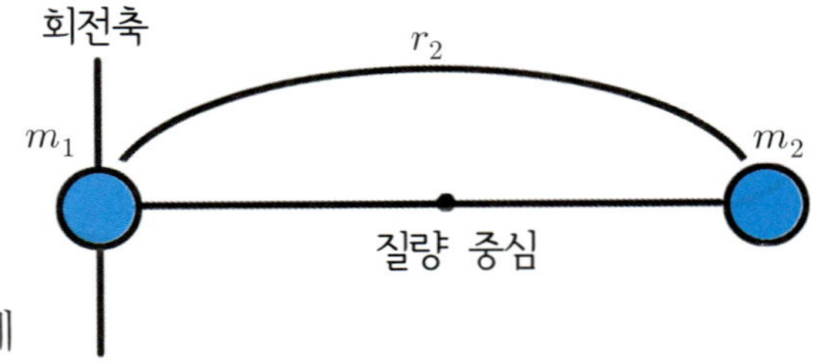

을 사용할 수 있다. 질량은

$m_1 = m_2 = 0.1$ kg으로 같다.

r_1은 회전축과 왼쪽 입자 사이의 거리인데 회전축이 왼쪽 입자를 지나므로 $r_1 = 0$ m, r_2는 회전축과 오른쪽 입자 사이의 거리이므로 $r_2 = 2$ m이 값들을 대입하면

$$I = (0.1\ \mathrm{kg})(0\ \mathrm{m})^2 + (0.1\ \mathrm{kr})(2\ \mathrm{m})^2$$
$$= 0.40\ \mathrm{kg \cdot m^2}$$

(c) 회전운동에너지 K는

$$K = \frac{1}{2} I \omega^2$$

이다, 각속도 $\omega = 4\ rad/s$로 주어졌고, (a), (b)의 회전관성 I로는 위에서 구한 값을 대입하면

$$K_{(a)} = \frac{1}{2}(0.2\ \mathrm{kg \cdot m^2})(4\ \mathrm{rad/s})^2 = 1.6\ \mathrm{J}$$

$$K_{(b)} = \frac{1}{2}(0.4\ \mathrm{kg \cdot m^2})(4\ \mathrm{rad/s})^2 = 3.2\ \mathrm{J}$$

퀴즈 6 질량 50 kg인 에어컨이 빌딩 옥상에 설치된 고정된 수평축에 끼워져 회전하는 질량 150 kg, 반지름 10 m의 균일한 원판 테두리에 감긴 줄에 매달려 내려오고 있다. 에어컨의 가속도, 원판의 각가속도, 줄의 장력을 구하라. 줄은 질량이 없고 미끄러지지 않으며 축과 원판사이에는 마찰이 없다.

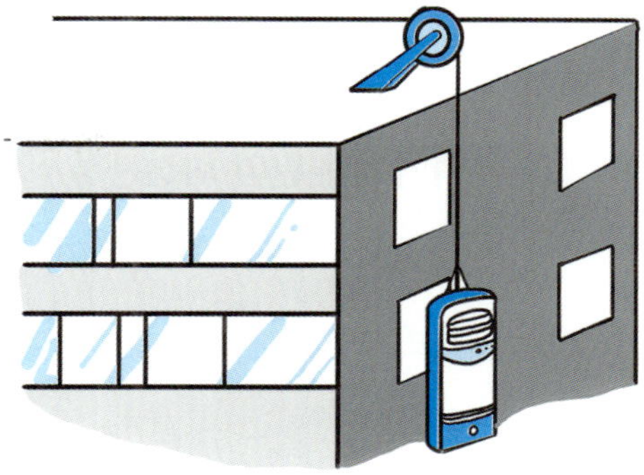

답 에어콘에 작용하는 힘과 원판에 작용하는 토크(힘에 해당)를 나눠서 생각하자.

i) 에어콘에 작용하는 힘은

$T-mg$ (위 방향을 (+)로 잡음)

뉴턴의 제2법칙을 적용하면

$F=T-mg=ma$

ii) 원판에 작용하는 토크 τ는

$\tau=rF_t$

여기서 r은 원판의 반경$(=R)$이고 F_t는 원판을 회전시키는 힘의 접선성분(이 경우에는 장력 T)

따라서 $\tau=-RT$

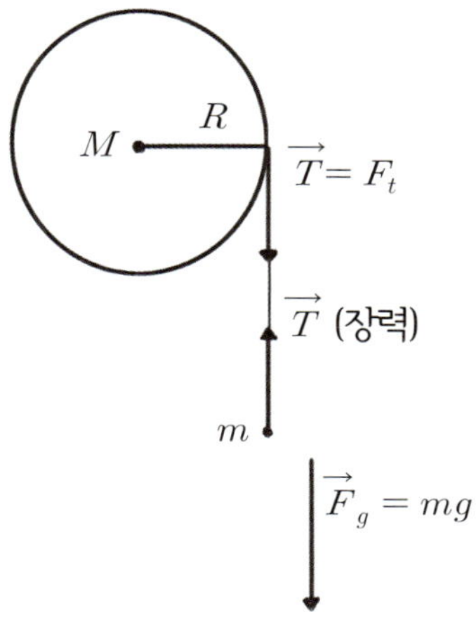

답

회전에 관한 뉴턴의 제2법칙을 적용하면

$$\tau = -RT = I\alpha$$

여기서 원판의 회전관성

$$I = \frac{1}{2}MR^2 \ (M\text{은 원판의 질량})$$

따라서

$$-RT = \frac{1}{2}MR^2\alpha$$

한편 줄이 미끄러지지 않으므로
원판 둘레의 선가속도(의 접선성분)
a_t와 에어컨의 선가속도 a는 같다.

$$a_t = a$$

그런데 $a_t = \alpha r$
(여기서 r은 원판의 반경 <$=R$>, α는 원판의 각가속도)
따라서 $a_t = a = \alpha R$, 그러므로 $\alpha = a/R$

이것을 $-RT = \frac{1}{2}MR^2\alpha$에 대입하면

$$-RT = \frac{1}{2}MR^2\left(\frac{a}{R}\right),\ T = -\frac{1}{2}Ma$$

이것을 $F = T - mg = ma$에 대입하면

$$-\frac{1}{2}Ma - mg = ma,\ ma + \frac{1}{2}Ma = -mg$$

$$a = \frac{-mg}{m + \frac{1}{2}M}$$

여기에 m(에어컨 질량) $= 50$ kg, M(원판 질량) $= 150$ kg,
$g = 9.8\ \text{m/s}^2$을 대입하면

$$= \frac{-(50)(9.8)}{50 + \frac{1}{2}(150)}$$

$$\approx -3.9\ \text{m/s}^2$$

<복습>

속이 찬 원통
또는 원판의
중심축에 대한
회전관성

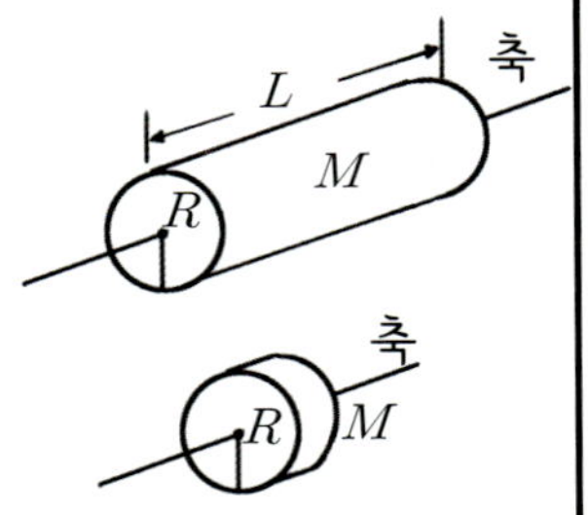

$$I = \frac{1}{2}MR^2$$

(길이 L과는 무관)

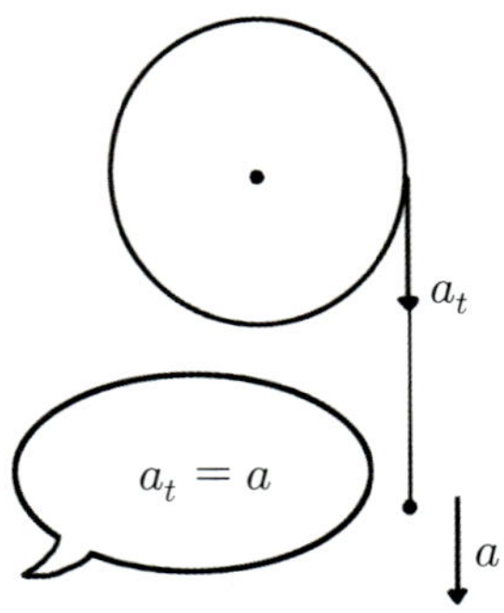

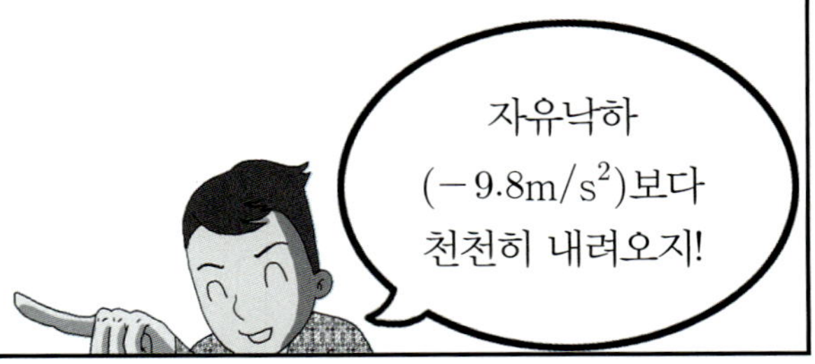

답

원판의 각가속도 $\alpha=a/R$이므로, $a=-3.9\ \mathrm{m/s^2}$, $R=10\ \mathrm{m}$를 대입하면

$$\alpha=\frac{-3.9}{10}=-0.39\ \mathrm{rad/s^2}$$

줄의 장력 T는

$$T=-\frac{1}{2}Ma=-\frac{1}{2}(150)(-3.9)\approx 290\ N$$

퀴즈 7 앞의 퀴즈 6의 원판이 처음에는 정지해 있다가 회전하기 시작했다면 시간 $t=2.1\ s$일 때의 회전운동에너지를

(a) 회전관성과 각속도를 이용하여

(b) 원판에 한 일로부터 구하라.

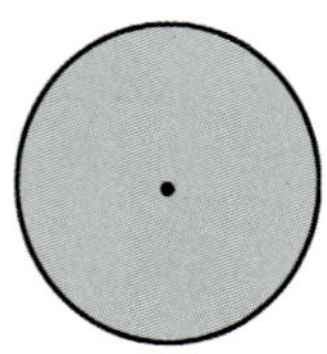

답 (a) 회전운동에너지 $K=\frac{1}{2}I\omega^2$, 여기서 회전관성

$I=\frac{1}{2}MR^2$으로 알고 있으나, ω를 구해야 한다.

등각가속도운동의 방정식

$$\omega=\omega_0+\alpha t$$

여기서 $\omega_0=0$(초기에 정지) 따라서 $\omega=\alpha t$

이것들을 대입하면

$$K=\frac{1}{2}\left(\frac{1}{2}MR^2\right)(\alpha t)^2$$

여기에 $M=150\ \text{kg}$, $R=10\ \text{m}$, $\alpha=-0.39\ \text{rad/s}^2$

$t=2.1\ \text{s}$을 대입하면

$$K=\frac{1}{2}\left(\frac{1}{2}\right)(150)(10)^2(-0.39)^2(2.1)^2$$
$$\approx 2515\ \text{J} \approx 2500\ \text{J}$$

답 (b) 일−운동에너지 정리에 의하면

$$\Delta K = K_f = K_i = W$$

여기서 K_f는 $t = 2.1$ s일 때의 회전운동에너지이고, K_i는 처음의 운동에너지이다. 처음에는 정지해 있었으므로 $K_i = 0$이다. 따라서

$$K_f = W$$

즉, 원판에 한 일 W가 회전운동에너지 K_f가 된다.

회전운동에서의 일 W는

$$W = \tau(\theta_f - \theta_i)$$
$$= -RT(\theta_f - \theta_i)$$

$\theta_f - \theta_i$를 구하기 위하여 등각가속도 운동의 또 다른 방정식 사용

$$\theta_f - \theta_i = \omega_0 t + \frac{1}{2}\alpha t^2 = \frac{1}{2}\alpha t^2$$

따라서

$$\omega = -RT\left(\frac{1}{2}\alpha t^2\right)$$

$R = 10$ m, $T = 290$ N, $\alpha = -0.39$ rad/s^2, $t = 2.1$ s를 대입하면

$$\omega = -(10)(290)\left(\frac{1}{2}\right)(-0.39)(2.1)^2$$
$$\approx 2.494 \text{ J} = 2500 \text{ J}$$

θ_f, θ_i : 각각 나중 및 초기 각위치

$\tau = -RT$ (− : 시계 방향회전)

$\omega_0 = 0$: 초기정지

퀴즈 7에서 구한 값들

유효숫자(2개)를 맞추면 (a), (b) 모두 같은 값이 얻어지네요.

고전역학

일반물리학

11. 각운동량

토크의 벡터 표시
앞에서 회전축(고정축)에 고정된 물체(강체)를 원운동시키는 토크에 대해서 배웠지? 토크를 식으로 나타내봐.
힘 F의 접선방향성분 F_t가 물체를 원운동시키므로 $\tau = rF_t = r(F\sin\phi)$ 또는 $= (r\sin\phi)F = r_\perp F$ 이었죠.
$\vec{F}$
F_t
ϕ
F_r
$\vec{r}$
ϕ
힘의 작용선
회전축
$r_\perp$
이 식을 벡터로 나타내봐라.
음~ $\vec{\tau} = \vec{r} \times \vec{F}$ 이네요.
τ는 r크로스 F로 읽지.

왜냐하면
벡터곱(벡터의 외적)에
의하면
$\vec{c}=\vec{a}\times\vec{b}=ab\sin\phi$
이니까요.
× : 벡터곱
$\vec{a}$와 $\vec{b}$ 사이각이 ϕ라면
이때 토크 $\vec{\tau}$의 방향은?
$\vec{F}$벡터를
회전축으로 이동하면
$\vec{F}$
$\vec{r}$
회전축
$\vec{F}$
$\vec{r}$
회전축
벡터곱의
오른쪽 법칙에 의해서
네 손가락으로
$\vec{r}$과 $\vec{F}$를 차례로 감싸면
엄지손가락 방향이 $\vec{\tau}$의 방향이죠!
즉, 반시계 방향으로
회전시키려는 토크가 작용
$\vec{\tau}$
F
$\vec{r}$

$\vec{\tau}$의 크기 τ는 회전시키려는 힘의 세기가 되겠네요.
역시 나는 머리가 좋아.

토크의 개념을 일반화하면 고정축뿐만 아니라 고정점에 대해서 운동하는 입자에도 적용할 수 있어.

즉, 만약 입자가 xy평면상의 A점에 있고
z
$\vec{\tau}$
$\vec{F}$
y
O
$\vec{r}$
$\vec{F}$
x
A

입자의 위치벡터를 $\vec{r}$, 작용하는 힘을 $\vec{F}$라고 하면 원점 O에 대한 토크 $\vec{\tau}$는 $\vec{\tau}=\vec{r}\times\vec{F}$
z
$\vec{\tau}$
$\vec{F}$
O
y
$\vec{F}$
$\vec{r}$
A
x
따라서 $\vec{\tau}$는 z축의 양의 방향
이 경우에는 입자 A가 원점 O와 막대 등으로 연결되어 있지 않은 경우를 생각하는 것이니까 힘의 방향에 따라 여러 가지 방향으로 토크가 발생할 수 있고,
입자의 궤적이 꼭 원운동이 아닐 수도 있지.
타원운동 등 여러 가지 운동일 수 있단다.

각운동량
선운동에서 선운동량 ($\vec{p}= m\vec{v}$)이라는 개념을 사용해서 두 물체의 충돌에 대한 세부적인 정보가 없어도
쾅
결과를 예측할 수 있었지?
선운동량보존법칙
각운동에는 각운동량이라는 것이 있단다.
r
mv
r
mv
퍼—억
악

줄이 길수록(r이 클수록)
더 아프지?
그래서 각운동량 $\vec{l}$은
$\vec{l}=\vec{r}\times\vec{p}$
로 정의하지.
운동량의 변화가
충격량
예를 들어
xy평면에 선운동량 $\vec{p}=m\vec{v}$인 입자가
지나가고 있다면
$\vec{r}$은 입자의
위치벡터
z
$\vec{l}=\vec{r}\times\vec{p}$
O
y
$p_{\perp}$
$\vec{r}$
$\vec{p}$
ϕ
x
m : 질량은
상수
원점 O에 대하여
회전하는 입자의 각운동량은
$\vec{l}=\vec{r}\times\vec{p}=\vec{r}\times m\vec{v}=m(\vec{r}\times\vec{v})$
이고 방향의 z축의 양이며
크기는
$l=rp_{\perp}=rp\sin\phi$
$=rmv\sin\phi$
가 되는 거야.

벡터를 쓰는 이유는 각운동량의 방향을 나타내기 위함이지.
z
$\vec{l}$
y
$\vec{r}$
$\vec{p}$
x
앞의 토크에서와 같이 각운동량 $\vec{l}$의 방향은 입자의 위치 벡터 $\vec{r}$와 선운동량 $\vec{p}$에 모두 수직이 되어서(오른손 법칙) z축의 양의 방향이 되는군요.
토크와 각운동량으로 나타낸 뉴턴의 제2법칙
뉴턴의 제2법칙 $\vec{F}_{net} = m\vec{a}$ 를 선운동량 $\vec{p}$와 연관 지어서 나타내면 어떻게 되겠니?
앞에서 배운 거잖아요. 가속도 $\vec{a} = \frac{d\vec{v}}{dt}$ 따라서 $\vec{F}_{net} = m\vec{a} = m\frac{d\vec{v}}{dt} = \frac{dm\vec{v}}{dt} = \frac{d\vec{p}}{dt}$
m : 질량은 상수이므로
간단 간단

회전운동의 경우에는
힘 $\vec{F}_{net}$가 토크 $\vec{\tau}_{net}$에 해당하고,
선운동량 $\vec{p}$는 각운동량 $\vec{l}$이 되므로
$\vec{\tau}_{net} = \frac{d\vec{l}}{dt}$
의 관계가 있단다.
이것은
각운동량의 정의
$\vec{l} = \vec{r} \times \vec{p} = m(\vec{r} \times \vec{v})$
로부터 얻어진다는 것을
보여 봐.
넵!
$\vec{l} == m(\vec{r} \times \vec{v})$의 양변을
시간 t로 미분하면
$\frac{d\vec{l}}{dt} = m\left(\frac{d\vec{r}}{dt} \times \vec{v} + \vec{r} \times \frac{d\vec{v}}{dt}\right)$
벡터가 곱해져 있으니까
미분하면 하나 미분하고
또 하나는 그대로 두고
+ 하나는 그대로 두고
또 하나는 미분하고
아하! $(f \cdot g)'$
미분하면
$f' \cdot g + f \cdot g'$
(체인룰이라고
하죠)

여기서
$\frac{d\vec{r}}{dt}=\vec{v}$이고 $\frac{d\vec{v}}{dt}=\vec{a}$
위치를
미분하면 속도,
속도를 미분하면
가속도니까
대입하면
$\frac{d\vec{l}}{dt}=m(\vec{v}\times\vec{v}=\vec{r}\times\vec{a})$
여기서
$\vec{v}\times\vec{v}=0.$
왜냐하면
$\vec{v}\times\vec{v}=v\cdot v\cdot \sin\phi$
인데, 같은 벡터니까
사이각 $\phi=0.$
따라서 $\sin\phi=0$
이니까.
그러므로
$\frac{d\vec{l}}{dt}=m(\vec{r}\times\vec{a})=\vec{r}\times m\vec{a}$
m은 질량(상수)이니까
자리를 바꿀 수 있죠!
그런데
뉴턴의 제2법칙으로부터
$m\vec{a}=\vec{F}_{net}$
따라서 $\frac{d\vec{l}}{dt}=\vec{r}\times\vec{F}_{net}$,
여기서 $\vec{r}\times\vec{F}_{net}=\vec{\tau}_{net}$(토크의 정의)
결과적으로 $\vec{\tau}_{net}=\frac{d\vec{l}}{dt}$
짜자-잔

입자계의 각운동량
여러 개의 입자들로 이루어진 입자계의 원점에 대한 총 각운동량 $\vec{L}$은 어떻게 되겠니?
각 입자의 각운동량 $\vec{l}$의 벡터합이겠죠. 즉, $\vec{L}=\vec{l}_1+\vec{l}_2+\vec{l}_3+\cdots+\vec{l}_n=\sum_{i=1}^{n}\vec{l}_i$
l_i는 i번째 입자의 각운동량
이 식을 시간에 대해서 미분하면 $\frac{d\vec{L}}{dt}=\sum_{i=1}^{n}\frac{d\vec{l}_i}{dt}$ 여기서 $\frac{d\vec{l}_i}{dt}=\vec{\tau}_{net,i}$

대입하면
$\frac{d\vec{L}}{dt} = \sum_{i=1}^{n} \vec{\tau}_{net,\,i}$
우변의 토크는
내부 입자들 사이의 내부토크와
계의 외부에서
각각의 입자에 작용하는
외부토크의 벡터합인데
내부토크는
두 입자 사이에 작용되는
작용-반작용의 법칙 때문에
그 합은 영이 되지.
따라서 외부토크만이
계의 총각운동량 $\vec{L}$을
변화시킬 수 있는 거야.
모든 외부토크의 벡터합인
알짜 외부토크를 $\vec{\tau}_{net}$이라고 하면,
앞의 식은
$\vec{\tau}_{net} = \frac{d\vec{L}}{dt}$ (입자계)
입자계의 회전운동에 관한
뉴턴의 제2법칙

앞의 식
$\vec{\tau}_{net} = \frac{d\vec{L}}{dt}$ ($\vec{L}$: 총각운동량)
에서 주의할 점은
토크와 각운동량 벡터가
같은 원점에 대한 것이야
한다는 거야.

입자계의 방진운동에 대한
뉴턴의 제2법칙은 뭐였지?
$\vec{F}_{net} = \frac{d\vec{P}}{dt}$
$\vec{P}$: 총 선운동량

고정된 축 주위로 회전하는 강체의 각운동량
$\vec{P} -= M\vec{v}_{com}$
$\vec{v}_{com}$: 질량 중심의 속도
무수한 강자들이
모여 있는 물체(강체)의
선운동량은 뭐였지?

고정축 주위는 회전하는 강체의 각운동량 $\vec{L}$은 강체의 선운동량과 유사하게
$L = I\omega$
(강체, 고정축)
가 된단다.
회전운동이니까 총질량 M →회전관성 I로 선속도 v_{com} →각속도 ω로 바꾼 거네요.
이 식을 시간으로 미분하면 $\frac{dL}{dt} = I\frac{d\omega}{dt}$ $\frac{dL}{dt} = \tau$, $\frac{d\omega}{dt} = \alpha$(각가속도)이므로 $\tau = I\alpha$를 얻지.
고정축 주위로 회전하는 강체에 대한 뉴턴의 제2법칙

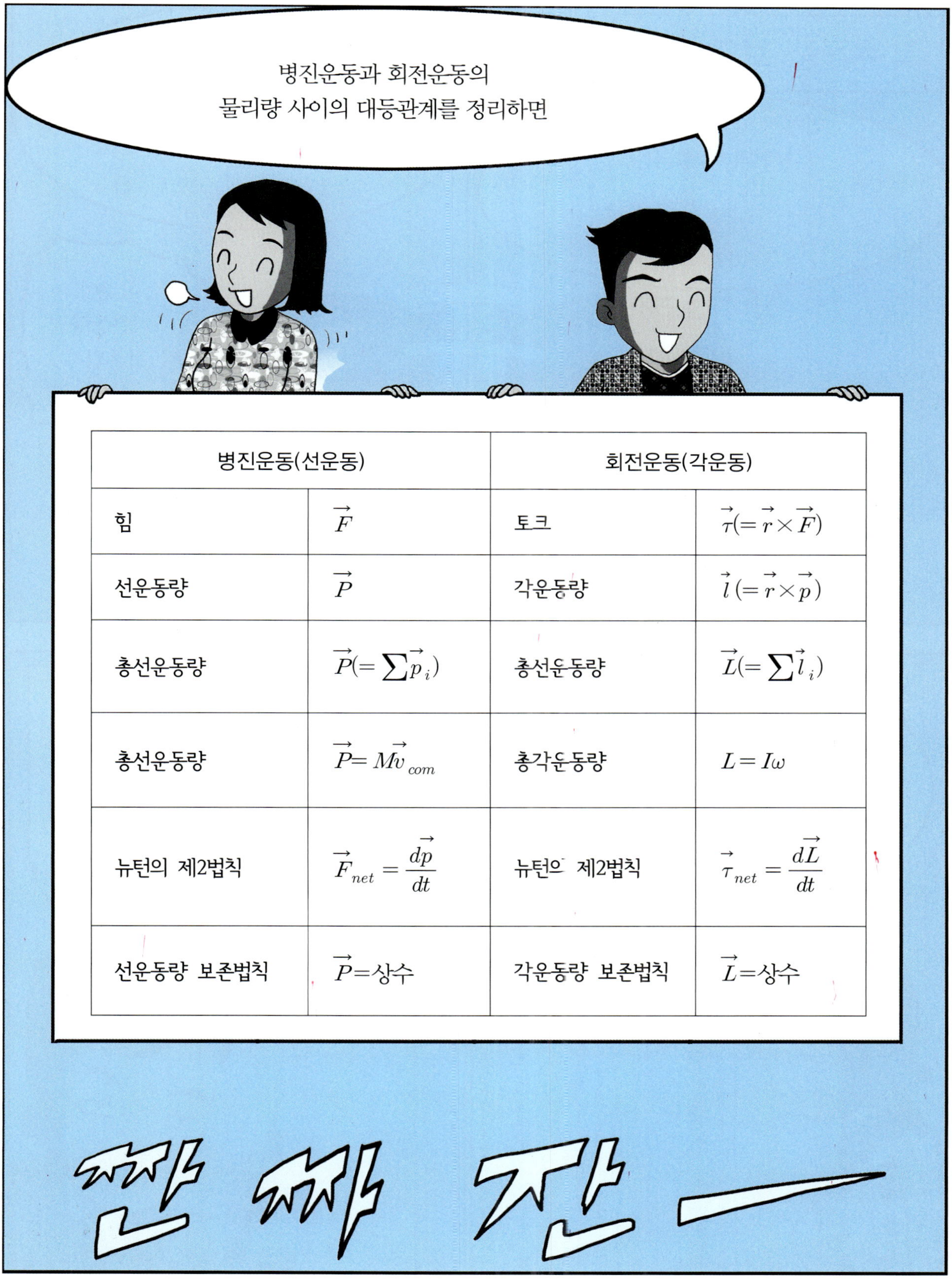

병진운동(선운동)		회전운동(각운동)	
힘	$\vec{F}$	토크	$\vec{\tau}(=\vec{r}\times\vec{F})$
선운동량	$\vec{P}$	각운동량	$\vec{l}\,(=\vec{r}\times\vec{p})$
총선운동량	$\vec{P}(=\sum\vec{p}_i)$	총선운동량	$\vec{L}(=\sum\vec{l}_i)$
총선운동량	$\vec{P}=M\vec{v}_{com}$	총각운동량	$L=I\omega$
뉴턴의 제2법칙	$\vec{F}_{net}=\frac{d\vec{p}}{dt}$	뉴턴의 제2법칙	$\vec{\tau}_{net}=\frac{d\vec{L}}{dt}$
선운동량 보존법칙	$\vec{P}$=상수	각운동량 보존법칙	$\vec{L}$=상수

각운동량 보존법칙
앞에서 회전운동에 관한 뉴턴의 제2법칙은 $\vec{\tau}_{net} = \frac{d\vec{L}}{dt}$ 이었지?
만약 계에 작용하는 알짜 외부토크 $\vec{\tau}_{net} = 0$이라면 $0 = \frac{d\vec{L}}{dt}$. 따라서 $\vec{L}$=상수 (고립된 계)
이것이 각운동량 보존법칙 이다!
각운동량 보존법칙은 (초기시간 t_i에서 각운동량의 합) =(최종시간 t_f에서 각운동량의 합) 수식으로 쓰면 $\vec{L}_i = \vec{L}_f$ (고립된 계)
즉, 외부에서 계에 작용하는 알짜 토크가 없다면 계의 각운동량 $\vec{L}$은 내부의 변화와 무관하게 일정하다.
는 말이지!

위 식은
벡터방정식이어서
서로 직각인 세 축(x, y, z축)에 대한
각운동량 선분의 보존을 나타내니까
분해하면 3개의 방정식이겠군요!
$Lx_i = Lx_f$
$Ly_i = Ly_f$
$Lz_i = Lz_f$
그런데 어떤 때는
계에 작용하는 알짜 토크가
어떤 축 방향으로만 영인 경우가 있는데, 이
경우에는
그 축에 대한 각운동량만
보존된단다.
한편, 각운동량 보존법칙은
물론 고정축에 대해 회전하는 강체에도
적용할 수 있어.
이 경우에는
$L = I\omega$
니까.
$L_i = I_i\omega_i = L_f = I_f\omega_f$,
즉 $I_i\omega_i = I_f\omega_f$
가 되지.

$\vec{L}$ ω_i
만약 팔을 벌리고
회전하던 사람이(회전관성 I_i)
$\vec{L}$ ω_f
I_f
팔을 오므린다면
(회전관성 I_f)
질량분포가 변해서 회전관성이
변하겠지?
$(I_i > I_f)$
따라서 각속도도 변하겠네요.
$(\omega_i < \omega_f)$
그러나 회전하는 동안에 알짜
외부토크가 작용하지 않으므로
각운동량은 보존된단다.

즉, $I_i\omega_i = I_f\omega_f$가 되는 거지.
그래서 빨리 돌려면 팔을 오므리는구나!
다이빙 선수가
공중에 머무는 동안에 외부에서 알짜 토크가 작용하지 않으므로 각운동량 $\vec{L}$은 보존되지.
아하, 그러니까 빨리 돌고 싶으면 (각속도를 크게 하고 싶으면) 몸을 움츠려서 회전관성을 작게 하고

입수할 때는
몸을 최대한 펴서
회전관성을 극대화하여
각속도를
최소화 하는군요.

그래야 도는 것이 최소화되어
물이 적게 튀겠네요.
푸하~~

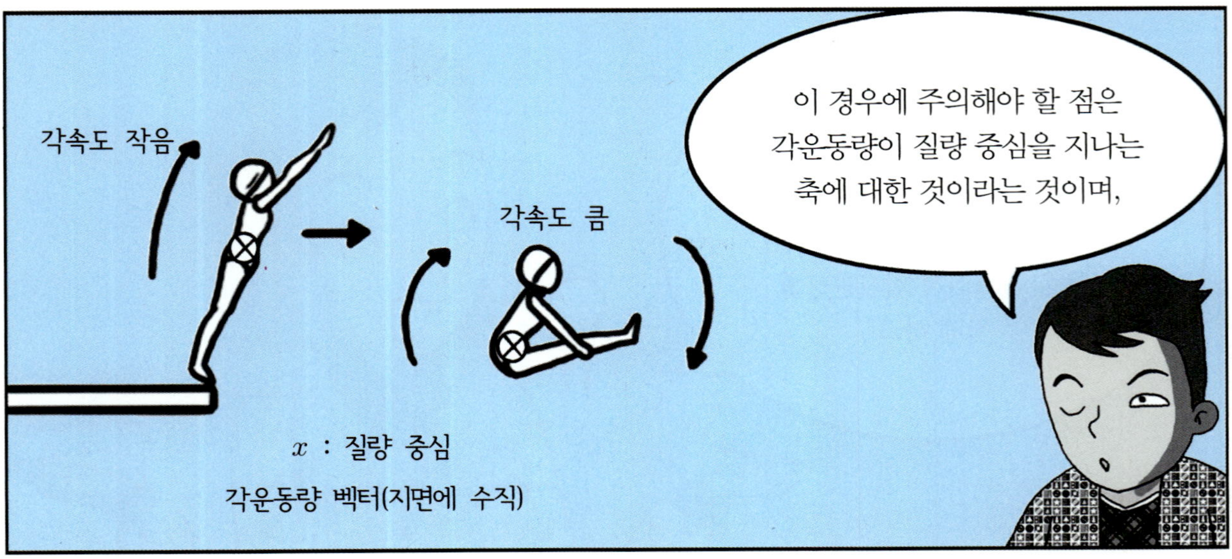
각속도 작음
각속도 큼
x : 질량 중심
각운동량 벡터(지면에 수직)
이 경우에 주의해야 할 점은
각운동량이 질량 중심을 지나는
축에 대한 것이라는 것이며,

질량 중심에 대한 몸 전체의 각운동량이 보존된다는 것이야.
질량 중심은 물론 포물선궤도를 그리겠네요.
피겨스케이트 선수가 점프하여 회전할 때 팔을 오므리는 것도 회전관성을 작게 하여 각속도를 크게 하기 위함이겠네요.
휙
탁
점프하지 않고 얼음판에서 돌 때도 빨리 돌기 위해서 팔을 위로 쭉 뻗어서 회전관성을 작게 하지
휘
익

퀴즈 1

그림과 같이 입자가 위치벡터 $\vec{r}$로 주어지는 점 P에 있다. 위치벡터의 크기 $r=4.0\ \mathrm{m}$이고, 위치벡터와 x축이 이루는 각도 $\theta=40°$이다.

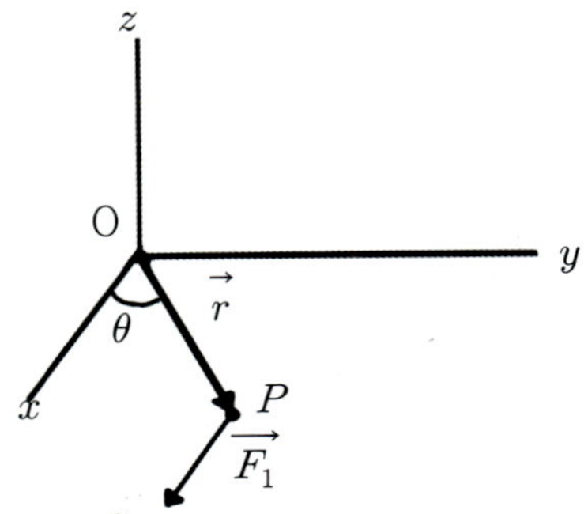

(a) x축의 양의 방향과 평행한 방향으로 크기가 3.0 N인 힘 $\vec{F}_1$이 작용할 때, 이 힘에 의한 원점 O에 대한 토크의 크기와 방향을 구하라.

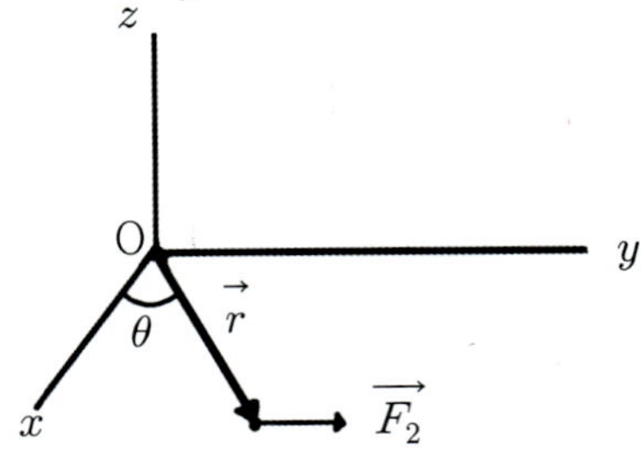

(b) y축의 양의 방향과 평행한 방향으로 크기가 2.0N인 힘 $\vec{F}_2$가 작용할 때, 이 힘에 의한 원점 O에 대한 토크의 크기와 방향을 구하라.

답

토크 $\vec{\tau}=\vec{r}\times\vec{F}$

(a) 벡터 $\vec{F}_1$을 원점으로 이동시키면, 힘 $\vec{F}_1$에 의한 토크 $\vec{\tau}_1$은

$$\vec{\tau}_1=\vec{r}\times\vec{F}_1$$

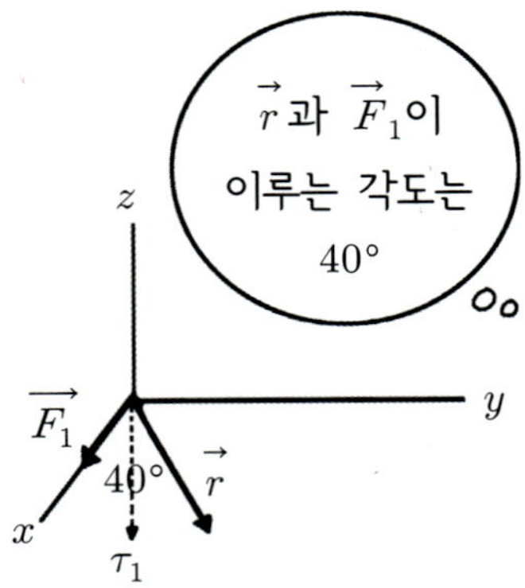

$\vec{\tau}_1$의 크기 τ_1은

$$\tau_1=rF_1\sin\phi$$
$$=(4.0\ \mathrm{m})(3.0\ \mathrm{N})\sin 40°$$
$$\approx 7.7\ N\cdot m$$

$\vec{\tau}_1$의 방향은 오른손의 네 손가락으로 $\vec{r}$와 $\vec{F}_1$를 차례로 감쌀 때 엄지손가락이 가리키는 방향이므로 음의 z축 방향 ($\vec{F}_1$이 입자를 시계 방향으로 돌리니까)

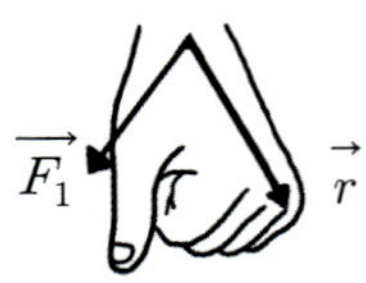

답 (b) 힘 벡터 $\vec{F}_2$를 원점으로 이동시키면,

힘 $\vec{F}_2$에 의한 토크 $\vec{\tau}_2$는

$$\vec{\tau}_2 = \vec{r} \times \vec{F}_2$$

$\vec{\tau}_2$의 크기 τ_2는

$$\begin{aligned}\tau_2 &= rF_2 \sin\phi \\ &= (4.0\ \mathrm{m})(2.0\ \mathrm{N})\sin 50° \\ &\approx 6.2\ \mathrm{N \cdot m}\end{aligned}$$

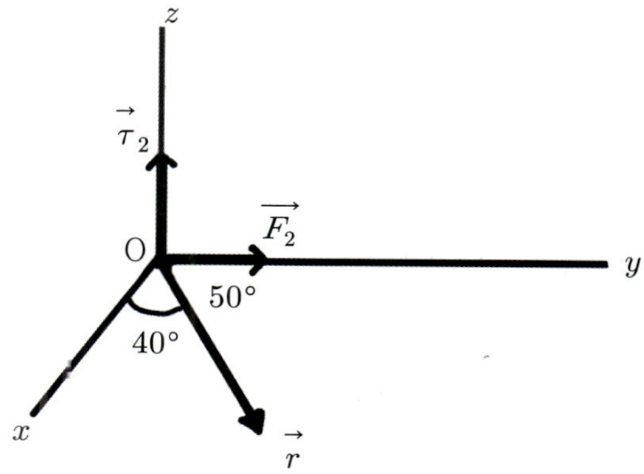

$\vec{r}$과 $\vec{F}_2$가 이루는 각도

$\phi = 50°$

$\vec{\tau}_2$의 방향은 오른손의 네 손가락으로 $\vec{r}$와 $\vec{F}_2$를 차례로 감쌀 때 엄지손가락이 가리키는 방향이므로 양의 z축 방향 ($\vec{F}_2$가 입자를 반시계 방향으로 돌리니까)

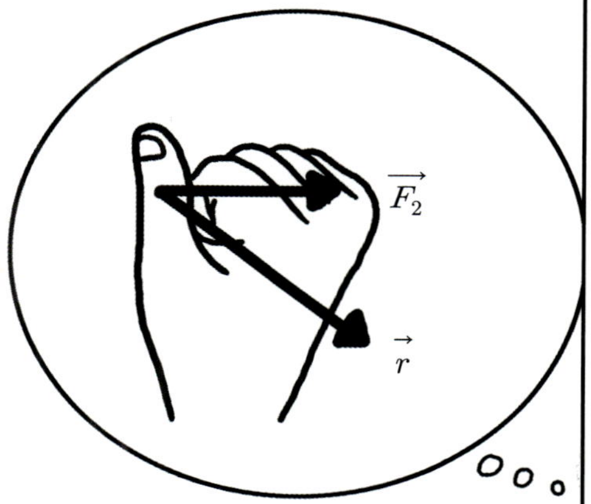

퀴즈 2 그림과 같이 입자 1과 2가 일정한 선속력 $v_1 = 1.5\ \mathrm{m/s}$와 $v_2 = 1.3\ \mathrm{m/s}$로 움직이고 있을 때 이 두 입자로 이루어진 계의 점 0에 대한 알짜 각운동량 $\vec{L}$의 크기와 방향을 구하라. 두 입자의 질량과 위치벡터의 크기 및 위치벡터와 선속도 사이의 각은 그림에 주어진 것과 같다.

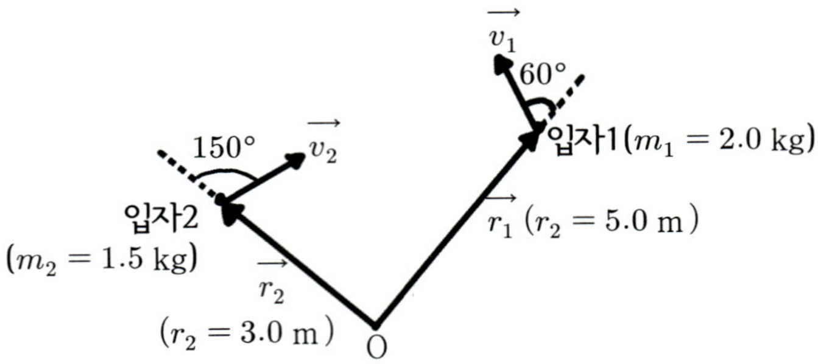

답 두 입자로 이루어진 계의 알짜 각운동량 $\vec{L}$은 각각의 입자의 각운동량 $\vec{l}_1$, $\vec{l}_2$를 구해서 더하면 된다.

1) $\vec{l}_1$구하기

각운동량은 $\vec{l}_1 = \vec{r} \times \vec{p} = \vec{r} \times m\vec{v} = m(\vec{r} \times \vec{v})$이고

크기는 $l = rmv\ \sin\phi$이다.

입자 1의 경우의 값을 대입하면, 각운동량의 크기는

$$l_1 = (5.0\ \mathrm{m})(2.0\ \mathrm{kg})(1.5\ \mathrm{m/s})\sin 60°$$

$$\approx 13\ \mathrm{kg \cdot m^2/s}$$

방향은 오른손 법칙에 의해서 지면을 뚫고 나오는 방향

답

2) $\vec{l}_2$구하기

입자 2의 값을 대입하면, 각운동량의 크기는

$$l_2 = (3.0\ \mathrm{m})(1.5\ \mathrm{kg})(1.3\ \mathrm{m/s})\sin 150°$$
$$\approx 2.9\ \mathrm{kg \cdot m^2/s}$$

방향은 오른손 법칙에 의해서 지면을 뚫고 들어가는 방향.

따라서

$$l_2 = -2.9\ \mathrm{kg \cdot m^2/s}$$

로 쓸 수 있다.

3) 두 입자로 이루어진 계의 알짜 각운동량 $\vec{L}$구하기

$$L = l_1 + l_2 = 13\ \mathrm{kg \cdot m^2/s} - 2.9\ \mathrm{kg \cdot m^2/s}$$
$$\approx 10\ \mathrm{kg \cdot m^2/s}$$

퀴즈 3 지면에 평행한 나뭇가지에 매달려 있던 질량 0.2 kg의 사과가 떨어지고 있다. 나뭇가지의 길이가 3.0 m이다. 시간 $t=5.0$초일 때의 사과의 점 0에 대한 각운동량을 구하라.

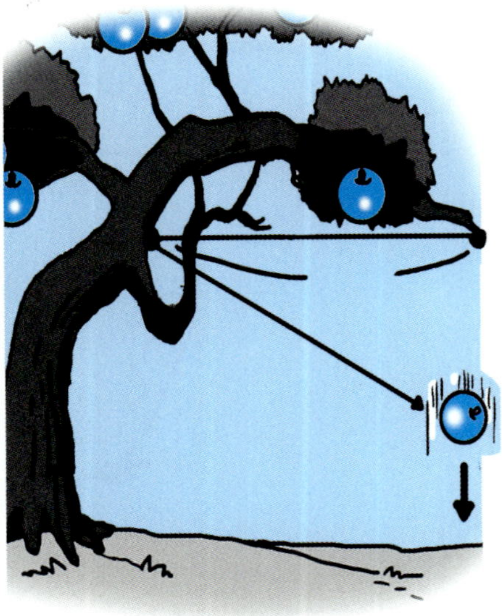

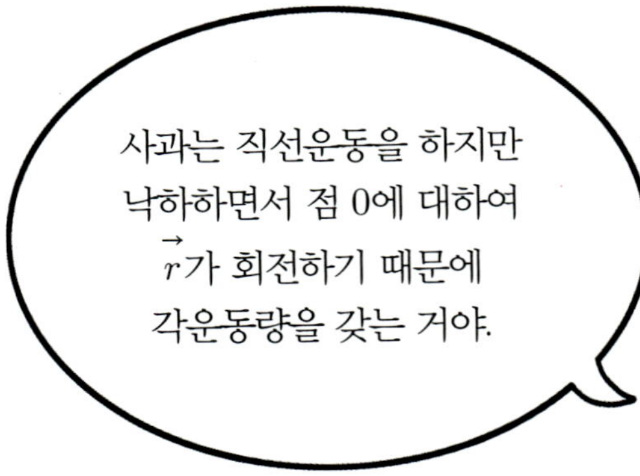

답 각운동량 $\vec{l}=\vec{r}\times\vec{p}$

각운동량의 크기 $l=rp\sin\phi=rmv\sin\phi$

여기서 사과의 속도 v는 자유낙하 (등가속도 운동)이므로

$$v=v_0+at,\ (a=g)$$
$$=v_0+gt,\ (v_0=0)$$
$$=gt=9.8t$$

또 $r\sin\phi=r_\perp=3\text{ m}$

이것들을 대입하면

$$l=r_\perp p=r_\perp mv=r_\perp mgt$$
$$=(3.0\text{ m})(0.2\text{ kg})(9.8\text{ m/s}^2)(5.0\text{ s})$$
$$\approx 29\text{ kg}\cdot\text{m}^2/\text{s}$$

방향은 오른손 법칙 ($\vec{r}$에서 $\vec{p}$로 두 벡터 사이의 작은 각도를 네 손가락으로 감쌀 때 엄지손가락 방향)에 의해서 지면을 뚫고 들어가는 방향

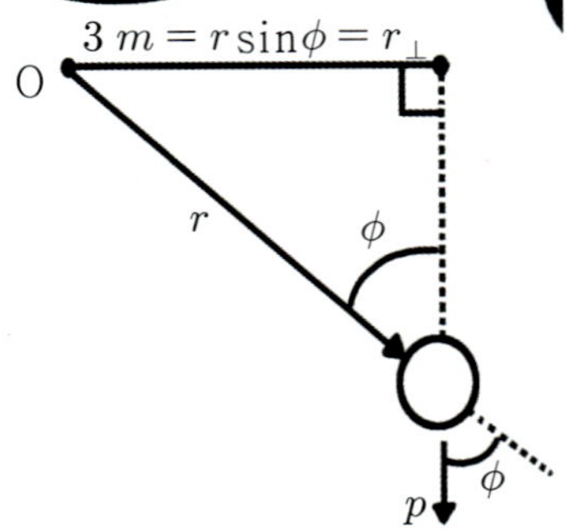

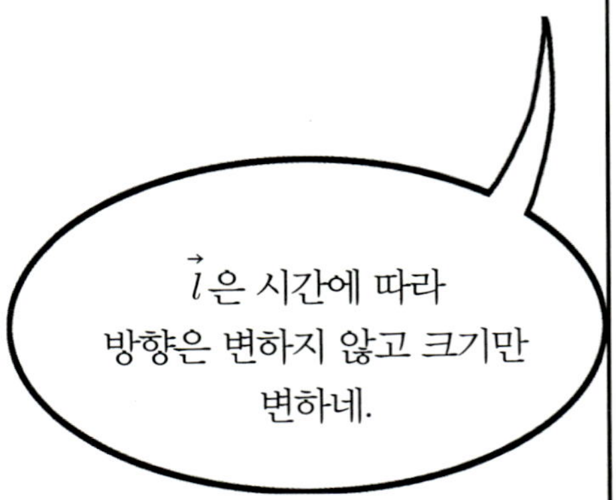

퀴즈 4 앞의 퀴즈 3에서 사과에 작용하는 중력이 만드는 원점에 대한 토크의 크기와 방향을 구하라.

답 토크 $\vec{\tau}=\dfrac{d\vec{l}}{dt}$

회전운동에 관한 뉴턴의 제2법칙

앞의 퀴즈 3에서

$$l=rp\sin\phi=r_{\perp}p=r_{\perp}mv=r_{\perp}mgt$$

따라서 토크 $\vec{\tau}$의 크기 τ는

$$\tau=\frac{dl}{dt}=\frac{d(r_{\perp}mgt)}{dt}=r_{\perp}mg$$

여기에 주어진 값을 대입하면

$$=(3.0\ \text{m})(0.2\ \text{kg})(9.8\ \text{m/s}^2)$$

$$\approx 5.9\ \text{kg}\cdot\text{m}^2/\text{s}^2=5.9\ \text{N}\cdot\text{m}$$

kg · m/s^2 = N이므로.
$\because F=ma$을 생각해봐
(N) = (kg) (m/s^2)

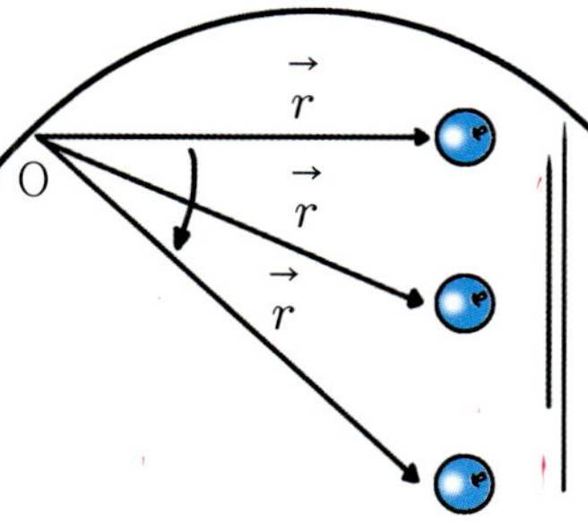

사과가 수직운동을 해도
사과의 위치벡터 $\vec{r}$은
원점 O에 대해
각도가 변하니까(회전하니까)
중력이 사과에 토크를
만드는 거야.

퀴즈 5 미라가 수직축에 대하여 자유롭게 들 수 있는 회전의자에 앉아 처음에는 팔을 벌리고 들다가 나중에 팔을 오므리고 돌았다. 처음 팔 벌리고 돌 때의 미라와 의자로 이루어진 계의 회전관성은 2.4 kg · m^{2}2.4 kg · m^{2}이었고 각속력은 초당 1.6회전(1.6 rev/s)이었다. 나중에 팔을 오므리고 돌 때의 미라와 의자로 이루어진 계의 회전관성은 1.2 kg · m^{2}이었다. 팔을 오므리고 돌 때의 계의 각속력을 구하라.

답 각운동량 보존법칙에 의하여

처음 각운동량의 합 L_i =나중 각운동량의 합 L_f
미라와 의자 계를 강체라고 보면 각운동량 L은

$$L = I\omega$$

따라서

$$I_i\omega_i = I_f\omega_f$$

$$I_i = 2.3\ \text{kg}\cdot\text{m}^2,\ \omega_i = 1.6\ \text{rev/s}$$

$I_f = 1.2$ kg · m^{2}을 대입하면

$$(2.4)(1.6) = (1.2)\,\omega_f$$

$$\omega_f = 3.2\ \text{rev/s}(\text{초당 3.2회전})$$

퀴즈 6

2개의 원판이 수직축에 대하여 자유롭게 돌 수 있는 놀이기구의 큰 원판에 그림과 같이 미라가 타고 돌고 있다. 미라와 큰 원판은 각속력 1.0 rad/s로 반시계 방향으로 돌며 이들의 회전관성은 6.4 kg · m^{2}이다. 작은 원판은 각속력 6.0 rad/s로 시계 방향으로 회전하며 회전관성은 1.7 kg · m^{2}이다. 어느 시각에 미라가 작은 원판을 손으로 잡아서 정지시켰다. 이때의 미라와 큰 원판의 각속력을 구하라. 단, 미라와 큰 원판의 회전관성은 변하지 않는다고 가정하라.

답

외부토크가 없으니까 처음 각운동량의 합 L_i=나중 각운동량의 합 L_f

처음 각운동량은

(미라와 큰 원판의 처음 각운동량 L_{1i})+(작은 원판의 처음 각운동량 L_{2i})

그런데 $L=I\omega$, 따라서

$$=I_{1i}\omega_{1i}+I_{2i}\omega_{2i}$$

미라가
원판을 잡는 힘에 의한
토크는 내부토크이므로
작용-반작용의 법칙에
의해서 상쇄됨

나중 각운동량은

(미라와 큰 원판의 나중 각운동량 L_{1f})+(작은 원판의 나중 각운동량 L_{2f})$=I_{1f}\omega_{1f}$

답

그러므로

$$I_{1i}\omega_{1i} + I_{2i}\omega_{2i} = I_{1f}\omega_{1f}$$

여기에

$I_{1i} = 6.4\ \mathrm{kg \cdot m^2} = I_{1f}$ ($\because$ 회전관성이 변하지 않는다고 가정)

$\omega_{1i} = 1.0\ \mathrm{rad/s}$

$I_{2i} = 1.7\ \mathrm{kg \cdot m^2}$

$\omega_{2i} = -6.0\ \mathrm{rad/s}$ ($\because$ 시계 방향 회전)

을 대입하면

$$(6.4)(1.0) + (1.7)(-6.0) = (6.4)\omega_{1f}$$

$$\omega_{1f} = -0.59\ \mathrm{rad/s}$$

따라서 미라와 큰 원판은 회전하던 방향을 바꿔서 시계 방향으로 회전한다.

퀴즈 7

반시계 방향으로 회전하는 지구본 위의 도마뱀이 초기에는 북극에 있다가 기어 내려와 최종적으로 적도에 멈추었다. 지구본의 질량은 M kg, 반경은 R m, 초기 각속력은 ω_{Ei} rad/s이며, 도마뱀의 질량은 m kg이다. 도마뱀을 입자로 보고 지구본의 최종 각속력 ω_{Ef}를 구하라. (지구본과 같은 구껍질의 회전관성 $I_E=\dfrac{2}{3}MR^2$이다.)

답

외부토크가 없으므로 각운동량은 보존된다. 즉,

초기 각운동량의 합 L_i =최종 각운동량의 합 L_f

그런데 각운동량 $L=I\omega$

초기 각운동량의 합

L_i=초기 지구본의 각운동량 L_{Ei}+초기 도마뱀의 각운동량 L_{li}

$=I_{Ei}\omega_{Ei}+I_{li}\omega_{li}$

$=\left(\dfrac{2}{3}MR^2\right)\omega_{Ei}+0$

답 최종 각운동량의 합

$$L_f = L_{Ef} + L_{lf}$$
$$= I_{Ef}\omega_{Ef} + I_{lf}\omega_{lf}$$
$$= \left(\frac{2}{3}MR^2\right)\omega_{Ef} + (mR^2)\omega_{Ef}$$

여기서 지구본의 회전관성은 변하지 않으므로

$$L_{Ef} = \frac{2}{3}MR^2$$

이제 $L_i = L_f$로 놓으면

$$\frac{2}{3}MR^2\omega_{Ei} = \frac{2}{3}MR^2\omega_{Ef} + mR^2\omega_{Ef}$$

따라서

$$\omega_{Ef} = \frac{\frac{2}{3}MR^2\omega_{Ei}}{\frac{2}{3}MR^2 + mR^2}$$
$$= \frac{\frac{2}{3}M\omega_{Ei}}{\frac{2}{3}M + m}$$

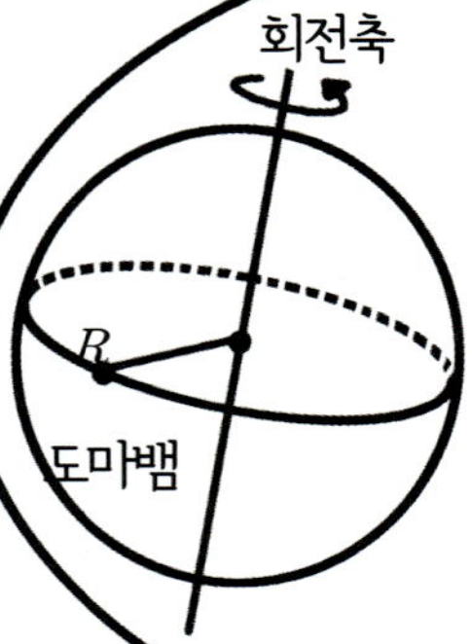

도마뱀의 최종 회전관성

$$L_{lf} = mr_f^2$$

그런데 도마뱀이 최종적으로 적도에 있으므로 회전축과의 수직거리

$$r_f = R$$

따라서

$$I_{lf} = mR^2$$

또 도마뱀은 적도에 멈춰 있어도 지구분의 각속력으로 회전할 것이니까, 도마뱀의 최종 각속력은 지구본의 최종 각속력과 같음. 즉, $\omega_{lf} = \omega_{Ef}$

12. 굴림운동

굴림운동 = 회전운동 + 병진운동

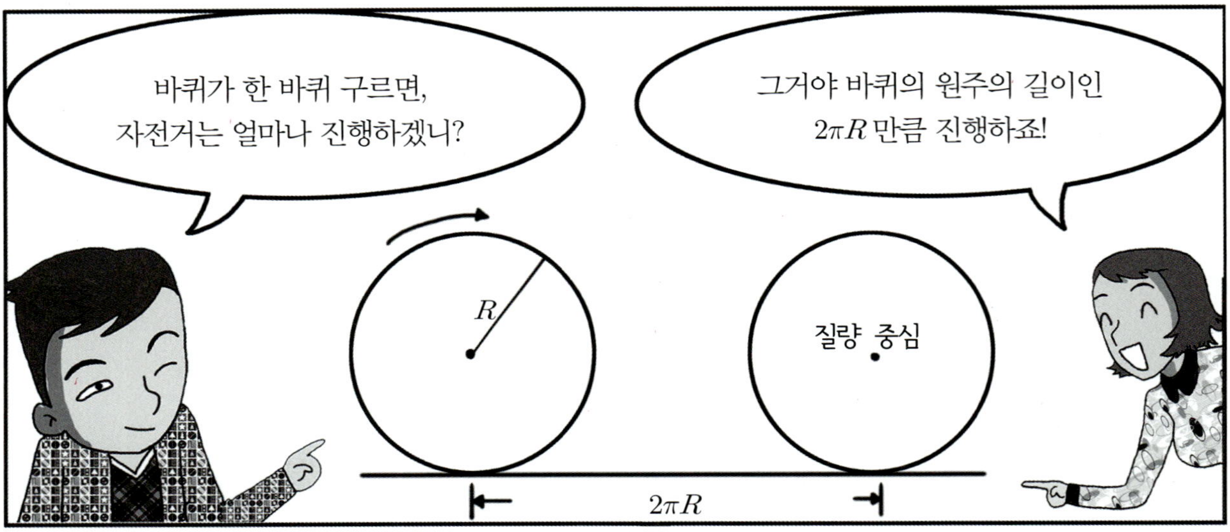

바퀴가 한 바퀴 구르면,
자전거는 얼마나 진행하겠니?
그거야 바퀴의 원주의 길이인
$2\pi R$ 만큼 진행하죠!
R
질량 중심
$2\pi R$

자전거가 $2\pi R$ 만큼
진행한 것은
바퀴의 질량 중심이 $2\pi R$ 만큼
진행한 것으로
생각할 수 있겠지?
바퀴가 구른 만큼
질량 중심이 이동

바퀴가 거리 s만큼 굴러서,
즉 점 P가 F'점으로 이동하여
생긴 각을 θ라고 하던
$s = \theta R$
P'
R
θ
s
P
질량 중심이
이동한 거리도 s
이 식을
시간에 대해 미분하면 $\frac{ds}{dt} = \frac{d\theta}{dt}R$
여기서 $ds/dt = v_{com}$ 이야.
왜냐하면 거리를 미분하면 속도인데
질량 중심도 s만큼
이동했으니까.
R은 반경
이므로 상수
$d\theta/dt = \omega$
(각속도)이겠네요.
미끄러짐이나
튕김 없이 유연하게
굴러가는 물체
따라서
$v_{com} = \omega R$
(유연한 굴림운동)

이와 같은 굴림운동은 순수한 회전운동과 순수한 병진운동의 결합으로 생각할 수 있어.
순수한 회전운동은 바퀴 중심에 대하여 모든 점이 각속력 ω로 회전하네요.
순수한 회전운동
+
순수한 병진운동
=
굴림운동
v_{com}
ω
v_{com}
v_{com}
v_{com}
v_{com}
$v_{com} + v_{com} = 2v_{com}$
ω
v_{com}
$-v_{com} + v_{com} = 0$
또 순수한 병진운동은 모든 점이 속력 v_{com}으로 오른쪽으로 움직이니까 이 두 운동을 결합하면 굴림운동이 되는군요!
돌면서 가야하니까 회전운동과 병진운동의 합이지.

실제로
달리는 자전거 바퀴 사진을
찍으면
찰칵
찰칵
윗부분은
빠른 속력($2v_{com}$)으로 움직여서
흐릿하게 보이고
바닥 부분은 정지 상태여서
바퀴살이 보인단다.
굴림운동은
회전축이 다른 곳에 있는
회전운동으로 바꿔서
생각할 수도 있어.
바닥의 점 P를 지나고
종이 면에 수직인 축으로 회전하되
각 점의 속도가 그림과 같다고
생각할 수 있지.
정지한 관측자가 볼 때 회
전운동이니까 각속력은 ω
v
T
P

그러면
P점의 선속력은 영이 되고
맨 위의 점 T의 경우에는
선속력 v_{top}이
$v_{top} = \omega(2R) = 2(\omega R) = 2v_{com}$
이 되어서
2배의 v_{com}이
되는 거야.
T점은 회전축(P)에서
$2R$ 만큼 떨어져 있으니까
또 앞에서
$v_{com} = \omega R$
이었으니까
T
R
O
R
P
이렇게 하면
앞의 굴림운동(회전운동+병진운동)과
완전히 일치하네요!
다른 점들의 선속력도 동일한 값이 얻어지는데 예를 들면 바퀴중심 0점의 선속력 v_0는
$v_0 = \omega R = v_{com}$
v_{com}이
ωR이었잖아.

굴림운동의 운동에너지
앞에서 굴림운동을 회전운동으로 보는 방법을 얘기했지?
네
그러면, 굴림운동의 운동에너지는 $K=\frac{1}{2}I_P\omega^2$ 이겠네요.
회전운동에너지는 $K=\frac{1}{2}I\omega^2$
축 P에 대한 회전으로 보는 거니까 I_P
P
여기서 I_P는 점 P를 지나는 회전축에 대한 회전관성이죠.
질량 중심
O
R
P

평행축 정리에 의하면
$I_p = I_{com} + Mh^2$
I_{com} : 질량 중심의 회전관성
M : 총질량
h : 두 평행축 (여기서는 P축과 O축 사이의 거리)
반경 R이 h니까,
대입하면 $I_p = I_{com} + MR^2$
이것을 $K = \frac{1}{2} I_P \omega^2$에 대입하며
$K = \frac{1}{2}(I_{com} + MR^2)\omega^2$
$= \frac{1}{2} I_{com}\omega^2 + \frac{1}{2} MR^2\omega^2$
그런데 $\omega R = v_{com}$ 이므로
$K = \frac{1}{2} I_{com}\omega^2 + \frac{1}{2} Mv_{com}^2$
요 항은 회전 운동에너지
이 항은 병진운동에너지
따라서, 굴림운동을 하는 물체는 두 가지 운동에너지를 갖는데
1. 질량 중심에 대한 회전에 의한 회전 운동에너지 $\left(\frac{1}{2} I_{com}\omega^2\right)$
2. 질량 중심의 병진운동에 의한 병진운동에너지 $\left(\frac{1}{2} Mv_{com}^2\right)$

굴림운동에 작용하는 힘
바퀴가 일정한 속도로 구른다면 접촉점 P에서 바퀴가 미끄러지지 않으니까 바퀴에 작용하는 마찰력은 없어.
P
그러나, 힘이 바퀴에 작용하여 바퀴 중심의 속력을 증가 또는 감소시키면 질량 중심은 가속도 $\vec{a}_{com}$의 방향으로 가속되겠지?
$\vec{a}_{com}$
P
이 힘은 또 바퀴의 회전을 빠르거나 느리게 하므로 각가속도 α가 발생하겠네요.
α
P

이러한 가속도 때문에 접촉점 P에서 바퀴가 미끄러지려는 경향이 나타나고, 접촉점에서 이를 억제하려는 마찰력이 바퀴에 작용하게 됨.
만약 바퀴가 미끄러지지 않는다면 이 마찰력도 정지마찰력 $\vec{f}_s$이야.
미끄러져야 운동마찰력이 되는 거죠?
그렇지. 초고속 카메라로 찍어보면, 바퀴는 구르면서 항상 새로운 점에서 바닥과 접촉하고 마치 정지 상태에서처럼 매순간 바닥을 박차고 구르기 때문이지.
$\vec{a}_{com}$
α
이 경우에 선가속도 $\vec{a}_{com}$과 각가속도 α의 크기 사이의 관계는 식 $v_{com}=\omega R$을 시간으로 미분해서 얻을 수 있지.

R은 반경이므로 상수
즉 $\frac{dv_{com}}{dt} = \frac{d\omega}{dt}R$
좌변의 $dv_{com}/dt = a_{com}$이고
우변의 $d\omega/dt = \alpha$이므로
$a_{com} = \alpha R$
이 책에서는 미끄러지지 않는 경우만 생각하자.
이 경우 정지마찰력 $\vec{f}_s$의 방향을 생각해 봐라.
음, 가속될 때는 뒤로 미끄러지려고 하니까 정지마찰력 $\vec{f}_s$는 앞으로 작용하고,
a_{com}
f_s
감속될 때는 앞으로 미끄러지려고 하니까 뒤로 작용하겠네요!
마찰력이 없으면 자전거가 움직일 수 없겠네.
a_{com}
f_s

자, 이제 마찰력을 고려해서 경사면을 내려오는 굴림운동에 대해 생각해 보자.
산
질량이 M이고 반경이 R인 둥근 물체가 경사각 θ인 경사면을 굴러 내려올 때 뉴턴의 제2법칙을 써서 가속도 a_{com}을 구해봐라.
$F_{net} = ma$
알짜힘
$\vec{F}_g \sin\theta$
$\vec{f}_s$
θ
θ
$\vec{F}_g$
우선, 질량 중심의 병진운동을 생각하면, 경사면에 평행하게 작용하는 힘은 중력의 경사면에 평행한 성분($\vec{F}_g \sin\theta$)와 마찰력($\vec{f}_s$)인데

$\vec{F}_g \sin\theta = Mg\sin\theta$는 내려오는 방향이고, 마찰력 $\vec{f}_s$는 올라가는 방향이니까, 두 힘의 합인 알짜힘은
$F_{net} = f_s - Mg\sin\theta$
물체가 내려오니까 마찰력은 위로 작용

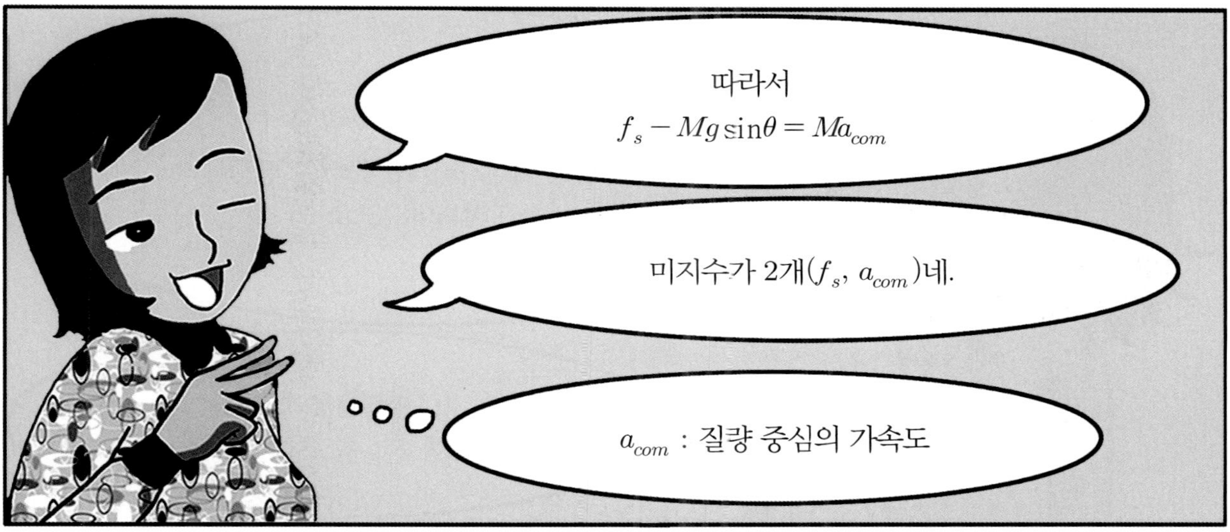
따라서
$f_s - Mg\sin\theta = Ma_{com}$
미지수가 2개(f_s, a_{com})네.
a_{com} : 질량 중심의 가속도

$\vec{F}_N$
θ
θ
$\vec{F}_g$
$\vec{F}_g \cos\theta$
참고로 중력의 수직성분 $\vec{F}_g \cos\theta$와 수직력 $\vec{F}_N$은 경사면에 수직으로 작용하니까 내려오는 병진운동에 기여하지 않네요.

굴림운동은
병진운동과 회전운동의 결합이니까,
다음으로 질량 중심에 대한
물체의 회전운동에 대해서
뉴턴의 제2법칙을 적용해야죠.
병진운동은
이미 했고.
알짜 토크 τ_{net}를 구해야 하니까,
어떤 힘이 회전시키려는 토크를 만드는지
살펴봐야겠군요.
병진운동에서
알짜힘 F_{net}를 구한 것 같이.
$\vec{F}_N$
θ
$\vec{F}_g \sin\theta$
θ
$\vec{F}_g \cos\theta$
$\vec{F}_g$
중력 $\vec{F}_g$(수평성분과
수직성분 모두)와
수직력 $\vec{F}_N$은
질량 중심에 작용하므로
회전시키려는 토크를
만들지 않네요.

그러면 마찰력 $\vec{f}_s$만 물체를 회전시키려는 토크로써 작용하는데, 앞의 토크 부분에서 힘 F가 만드는 토크 τ는 $\tau = rF_t = r_\perp F$
R
$\vec{f}_s$
두 번째 식을 쓰면 $\tau = r_\perp F = Rf_s$
$r_\perp = R$
$F = f_s$
시계반대방향으로 회전하니까 토크 τ는 (+)
이것이 알짜 토크 τ_{net}이니까, 대입하면 $\tau_{net} = Rf_s = I_{com}\alpha$
이것도 미지수가 2개 (f_s, α)네.
질량 중심에 대한 회전이니까. I_{com}

한편
앞에서 굴림운동의 경우
질량 중심의 선가속도 a_{com}과
각가속도 α의 관계는
$a_{com} = \alpha R$
ㅠ...ㅠ
그런데, 선가속도 a_{com}은
아래 방향이니까 (−),
즉 $-a_{com}$이고
각가속도는 반시계 방향이니까 (+)
즉, $+\alpha$
a_{com}
α
위의 방향을
(+)로 잡았으니까
ㅠ~~
따라서
$-a_{com} = \alpha R$
$\alpha = -\frac{a_{com}}{R}$
이것을 $Rf_s = I_{com}\alpha$에 대입하면
$Rf_s = -I_{com}\frac{a_{com}}{R}$
$f_s = -I_{com}\frac{a_{com}}{R^2}$

이것을
병진운동에서 구했던 식
$f_s = Mg\sin\theta = Ma_{com}$
에 대입하면
$-I_{com}\dfrac{a_{com}}{R^2} - Mg\sin\theta = Ma_{com}$
으~~~으~
a_{com}에 대해서 묶으면
$\left(M+\dfrac{I_{com}}{R^2}\right)a_{com} = -Mg\sin\theta$
$a_{com} = -\dfrac{Mg\sin\theta}{\dfrac{MR^2+I_{com}}{R^2}}$
$= -\dfrac{MgR^2\sin\theta}{MR^2+I_{com}}$
휴~우
휴
MR^2으로 분모, 분자를 나누면
$a_{com} = -\dfrac{g\sin\theta}{1+I_{com}/MR^2}$
이것이 경사면을 굴러 내려오는 물체의 선가속도네요.
각가속도도 구할 수 있겠네.

퀴즈 1

미라가 바퀴의 반경이 0.3 m인 자전거를 타고 평탄한 길을 30 km/h의 속도로 달리고 있다. 미라가 본 바퀴 중심의

(a) 선속도
(b) 각속도
(c) 선가속도
(d) 각가속도

를 구하라.

답

(a) 미라와 바퀴 중심은 같은 속도로 움직이므로 미라가 본 바퀴 중심의 선속도는 영

(b) 미라 입장에서는 바퀴는 순수한 회전운동만 하며, 각속도 $\omega = vr$이므로,
여기서 v는 미라의 속도, r은 바퀴 반경

$$\omega = (30\ \text{km/h})(1000\ \text{m}/3600\ \text{s})(0.3\ \text{m}) = -2.5\ \text{rad/s}$$ ('$-$'는 시계 방향)

(c) 선속도가 영이므로 선가속도도 영

(d) 각속도가 일정하므로 각가속도는 영

퀴즈 2

퀴즈 1에서 바퀴 꼭대기의

(a) 선속도
(b) 각속도
(c) 각가속도
(d) 선가속도의 접선성분
(e) 선가속도의 지름성분(구심가속도)

를 구하라.

답

(a) 바퀴 꼭대기는 미라와 같은 속도로 회전운동하므로 선속도는

$$30\ \text{km/h} = (30\ \text{km/h})(1000\ \text{m}/3600\ \text{s}) = 8.3\ \text{m/s}$$

(b) 바퀴 꼭대기도 중심과 같은 각속도 ω로 회전하므로

$$\omega = -2.5\ rad/s$$

(c) 각속도 ω가 일정하므로 각가속도 $\alpha = 0$

(d) 선가속도의 접선성분 $a_t = \alpha r$, $\alpha = 0$이므로 $a_t = 0$

(e) 선가속도의 지름성분 $a_r = \omega^2 r$이므로

$\omega = 2.5\ \text{rad/s}$, $r = 0.3\ \text{m}$ 대입

$$a_r = (2.5)^2(0.3) = 1.9\ \text{m/s}^2$$

퀴즈 3

퀴즈 1에서 바퀴 바닥의
(a) 선속도
(b) 각속도
(c) 각가속도
(d) 선가속도의 접선성분
(e) 선가속도의 지름성분(구심가속도)
를 구하라.

답

(a) 바퀴 바닥도 미라와 반대방향으로 같은 속력으로 회전운동하므로 선속도는
$-30\ \text{km/h} = -8.3\ \text{m/s}$

(b) 바퀴의 모든 점이 동일한 각속도 ω로 회전하므로
$\omega = -2.5\ rad/s$

(c) 일정한 각속도 ω로 회전하므로 각가속도 $\alpha = 0$

(d) 선가속도의 지름성분 $a_t = \alpha r$, $\alpha = 0$이므로 $a_t = 0$

(e) 선가속도의 지름성분 $a_r = \omega^2 r$이므로 바퀴 꼭대기와 같은 값.
즉 $a_r = 1.9\ \text{m/s}^2$

퀴즈 4 퀴즈 1의 미라가 탄 자전거를 정지해 있는 사람 봤을 경우에 대하여 바퀴의 중심, 꼭대기, 바닥의 선속도, 각속도, 각가속도, 선가속도의 접선성분과 지름성분 중 달라지는 것은 무엇인가?

답 1) 우선 바퀴 중심의 선속도 v_{com}는 미라와 같은 속도가 되어서

$$v_{com} = 30\ \text{km/h} = 8.3\ \text{m/s}$$

으로 달라짐. (자전거를 미라가 본 선속도는 영)

2) 바퀴 꼭대기와 바닥의 선속도도 굴림운동이 되어 달라짐.

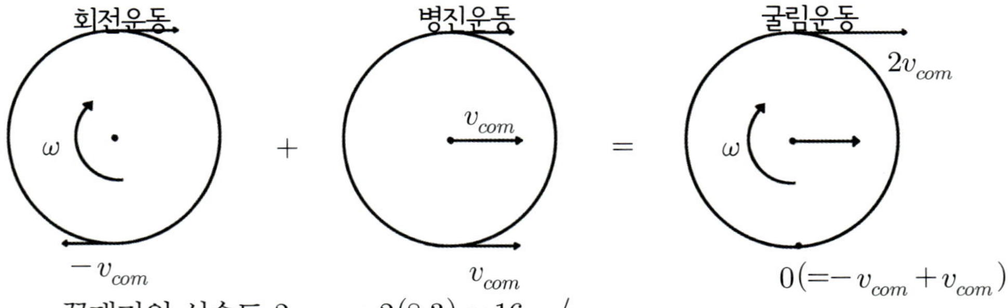

꼭대기의 선속도 $2v_{com} = 2(8.3) \approx 16\ \text{m/s}$

바닥의 선속도$=0$

각속도 ($\omega = -2.5\ \text{rad/s}$)와 각가속도 $\alpha = 0$,
선가속도의 접선성분$a_t(=0)$과
지름성분 $a_r(=1.9\ \text{m/s}^2)$은 달라지지 않음

퀴즈 5 질량 $m = 4.0$ kg, 반지름 $R = 0.20$ m의 균일한 공이 경사각 30°인 경사면을 따라 정지 상태로부터 유연하게 굴러서 내려온다.

(a) 공이 수직높이 1.6 m만큼 내려와서 바닥에 도달했을 때의 속력을 구하라.

(b) 공에 작용하는 마찰력의 방향과 크기를 구하라.

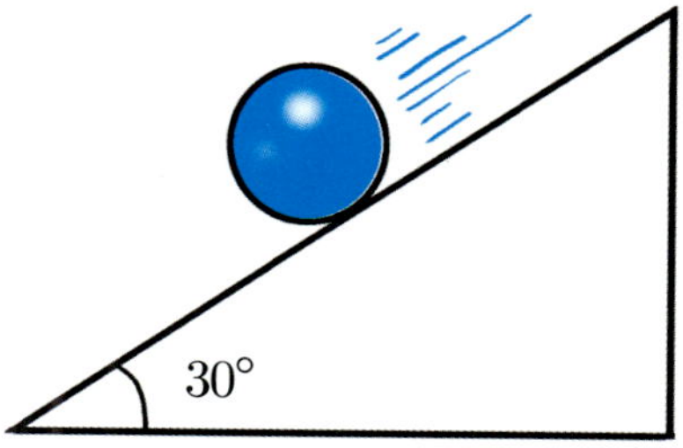

답 (a) 공에 작용하는 힘은 중력(보존력) 밖에 없으므로 공−지구계의 역학에너지는 보존된다. 즉

$$K_i + U_i = K_f + U_f$$

여기서 $K_i = 0$ ($v_i = 0$이니까)
$U_i = mgh$

K : 운동에너지
U : 중력퍼텐셜에너지
i : 초기 f : 최종

또
$$K_f = \frac{1}{2}I_{com}\omega^2 + \frac{1}{2}mv_{com}^2$$
$U_f = 0$(바닥을 원점으로 잡음)

굴림운동의 운동에너지는
회전운동에너지
+병진운동에너지

따라서

$$0 + mgh = \frac{1}{2}I_{com}\omega^2 + \frac{1}{2}mv_{com}^2 + 0$$

한편

$$v_{com} = \omega R,\ \omega = v_{com}/R,$$

$$I_{com} = \frac{2}{5}mR^2$$

속이 찬
구의 회전관성
(본문을 봐)

대입하면

$$mgh = \frac{1}{2}\left(\frac{2}{5}mR^2\right)\left(\frac{v_{com}}{R}\right)^2 + \frac{1}{2}mv_{com}^2$$

$$gh = \frac{1}{5}v_{com}^2 + \frac{1}{2}v_{com}^2 = \frac{7}{10}v_{com}^2$$

$$v_{com} = \sqrt{\left(\frac{10}{7}\right)gh} = \sqrt{\left(\frac{10}{7}\right)(9.8\ \text{m/s}^2)(1.6\ \text{m})}$$

$$\approx 4.7\ \text{m/s}$$

공의 질량 m과
반경 R은 상관없네!

답

(b) 마찰력 f_s는 본문에서 유도한 것과 같이

$$f_s = -I_{com}\frac{a_{com,\,x}}{R^2} = -\frac{2}{5}mR^2\frac{a_{com,\,x}}{R^2} = -\frac{2}{5}ma_{com,\,x}$$

여기서 공의 가속도 $a_{com,\,x}$(본문 참조)는

$$a_{com,\,x} = -\frac{g\sin\theta}{1+I_{com}/mR^2} = -\frac{g\sin\theta}{1+\frac{2}{5}mR^2/mR^2}$$

$$= -\frac{g\sin\theta}{1+\frac{2}{5}} = -\frac{(9.8)\sin 30°}{1+\frac{2}{5}}$$

$$= -3.5\ \mathrm{m/s^2}$$

이것을 마찰력 식에 대입하면

$$f_s = -\frac{2}{5}(4.0\ \mathrm{kg})(-3.5\ \mathrm{m/s^2})$$

$$= 5.6\ \mathrm{kg\cdot m/s^2} = 5.6\ \mathrm{N}$$

13. 평형과 탄성

평형조건
뭐하니?
다리가 안정한지 확인 중이에요.
쿵 쾅
다리뿐만 아니라 고층건물 등도 중력이나 바람이 불어도 안정해야지.
안정하다는 것을 물리에서는 평형상태라고 한단다.
책상 위에 책은 움직이지 않으니까 정적 평형상태에 있다고 하지.

또 앞에서 배운 것과 같이,
물체가 힘을 받아서 움직였다가
다시 정직 평형상태로 되돌아오면
물체가 안정한
정적 평형상태에 있다고 해.
사발 속의 구슬

그리고
작은 힘으로도 물체를 움직여
평형상태에서 벗어나게 할 수 있을 경우에
물체가 불안정한 정적 평형상태에
있다고 하지.
뒤집어 놓은
사발 위의 구슬

이와 같은
정적 평형상태가
되기 위한 조건은
두 가지
$\vec{P}=0,\ \vec{L}=0$
선운동량과
각운동량 모두 영.
왜?
안 움직이니까.

그럼 동적 평형상태라는 것도 있나요?
있구 말구.
예를 들어 마찰이 없는 얼음판 위를 일정한 속도로 미끄러지는 상자는 동적 평형상태에 있다고 하지.
속도가 일정하니까.
v
이 경우에는 질량 중심의 선운동량 $\vec{P}$가 일정하니까 $\vec{P}$=상수 회전은 없으니까 각운동량 $\vec{L}$ $\vec{L}$=0 이 되는 거야.

그러면, 일정한 각속도로 도는 선풍기의 날개드 동적 평형상태에 있겠네요! 이때는 병진운동은 없으니까 $\vec{P}=0$ 회전이 일정하니까 $\vec{L}=$상수 겠군요.
그렇지. 일정한 속도로 달리는 자전거 바퀴도 동적 평형상태에 있는데 이 경우에는 어떻게 되겠니?
굴림운동이니까 병진운동+회전운동 따라서 $\vec{P}=$상수, $\vec{L}=$상수 가 되겠네요
이 장에서는 $\vec{P}=0$, $\vec{L}=0$ 인 정적 평형상태에 대해서만 공부하자.

물체가 병진운동을 한다면 병진운동에 관한 뉴턴의 제2법칙을 따르겠지? $\vec{F}_{net} = \frac{dL}{dt}$
물체가 병진운동에 대해서 평형상태에 있다면 $\vec{P}$=상수, 즉 $d\vec{P}/dt = 0$. 따라서 $\vec{F}_{net} = 0$ 힘의 균형
한편 물체가 회전운동을 한다면 회전운동에 관한 뉴턴의 제2법칙을 따르겠군요. $\vec{\tau}_{net} = \frac{dL}{dt}$

물체가 회전운동에 대해서 평형상태에 있다면 $\vec{L}$=상수, 즉 $d\vec{L}/dt=0$ 따라서 $\vec{\tau}_{net}=0$ 토크의 균형이겠네요.
따라서 물체가 평형상태에 있기 위한 두 가지 조건은
1. 물체에 가해지는 모든 외력의 벡터합은 영
2. 물체에 가해지는 모든 외부토크의 벡터합은 영
이 조건들은 정적 평형상태뿐만 아니라 동적 평형상태에서도 적용되는데, 정적 평형상태라면 두 가지 조건이 더 있어.
1. 물체의 선운동량은 영
2. 물체의 각운동량은 영

$\vec{F}_{net}=0$ 힘의 균형
$\vec{\tau}_{net}=0$ 토크의 균형
이 식들은 벡터식이므로
성분으로 나타내면
$F_{net,\,x}=0,\ F_{net,\,y}=0,\ F_{net,\,z}=0$
$\tau_{net,\,x}=0,\ \tau_{net,\,y}=0,\ \tau_{net,\,z}=0$
만약, 물체에 작용하는 힘이 xy평면상에 있다면
z
y
x
F
F
간단해져서 $F_{net,\,x}=0$ $F_{net,\,y}=0$ $F_{net,\,z}=0$
이때는 토크는 z축 방향일 테니까

자, 이제 정직 평형상태의 몇 가지 예를 들어 작용하는 힘을 분석해 보자.
가장 간단한 경우로서, 균일한 평균대의 중앙에 나무토막이 놓여 있고, 평균대 다리에는 저울이 설치되어 있다고 하자.
나무토막
평균대
저울
저울
토막의 질량이 m kg이고 평균대의 질량이 M kg일 때, 좌우 양쪽 저울의 눈금은 어떻게 되겠니?
모든 것이 움직이지 않으니까 정적 평형상태에 있네요. 이때는
$\vec{F}_{net}=0$ 힘의 균형
$\vec{\tau}_{net}=0$ 토크의 균형
을 써먹어야죠.

$\vec{F}_{N_l}$
수직력
$\vec{F}_{Nr}$
mg
중력
Mg
작용하는 모든 힘을 표시한 그림을 그리면
토막과 평균대에 작용하는 중력은 질량 중심에 작용한다고 보고 그렸어요.
토막이 중앙에 놓여 있으므로 토막의 질량 중심은 평균대 중앙에 있다고 봐도 됨.
평균대가 균일하므로 평균대의 질량 중심도 중앙
mg와 Mg화살표 둘 다 중앙에 그리면 되는데 겹치니까 밑에 그렸어요.
이제 $\vec{F}_{net}=0$를 적용하면
$F_{Nl}+F_{Nr}-mg-Mg=0$
여기서 m, M, g는 알고 있으니까 미지수는 2개,
식이 하나 더 있어야겠군요.

$\vec{F}_{Ne}$
$\vec{F}_{Nr}$
O
mg
Mg
$\vec{\tau}_{net}=0$를 적용해보죠.
평균대 왼쪽 끝을
원점 O로 잡아요.
원점을 잘 잡아야
계산하기 편해요.
토크 τ는
$\tau=r(F\sin\theta)$
$=(r\sin\theta)F$
$=r_{\perp}F$
여기서 $r_{\perp}$은
원점 O로부터 힘의 작용선까지의 수직거리
예를 들어 $\vec{F}_{Nr}$에 적용하면
$\vec{F}_{Nr}$
$r_{\perp}$
O
힘의 작용선
(힘 벡터에 평행하게 그은 선)
평균대의 길이를
L이라고 하면 $\vec{F}_{Nr}$의 경우 $r_{\perp}=L$
따라서 $\vec{F}_{Nr}$에 의한 토크는
LF_{Nr}
$\vec{F}_{Nr}$은
반시계 방향으로
회전시키려고 하니까
토크는 (+)

$r_\perp = \frac{L}{2}$
O
mg
힘의 작용선
토막에 작용하는 중력에 의한 토크는 $-\frac{L}{2}mg$
시계 방향의 회전력에 의한 토크는 (−)
유사하게 평균대에 작용하는 중력에 의한 토크는 $-\frac{L}{2}Mg$
ㅠ…ㅠ
원점 O에 작용하는 $\vec{F}_{N_l}$에 의한 토크는 (0) $\vec{F}_{N_l}$
왜냐하면 $r_\perp = 0$이니까
$\vec{F}_{Ne}$
따라서 $\vec{\tau}_{net} = 0$는
$LF_{Nr} + (0)F_{N_l} - \frac{L}{2}mg - \frac{L}{2}Mg = 0$

그러므로
$LF_{Nr} = \frac{L}{2}mg + \frac{L}{2}Mg$
$F_{Nr} = \frac{1}{2}mg + \frac{1}{2}Mg$
F_{Nr}은 구했고.
앞에선 구한 식
$F_{N_l} + F_{Nr} - mg - Mg = 0$
에 이것을 대입하면
$F_{N_l} + \frac{1}{2}mg + \frac{1}{2}Mg - mg - Mg = 0$
$F_{N_l} = \frac{1}{2}mg + \frac{1}{2}Mg$
이 두 수직력 F_{N_l}과 F_{Nr}이 평균대 좌우의 발밑의 저울에 각각 작용하는 힘이네요.
저울에는 이 수직력과 균형을 이루기 위해서 같은 크기의 아래쪽 힘이 작용할 테니까.
결국 좌우 저울의 눈금은 같고 크기는 토막과 평균대에 작용하는 중력의 합을 반으로 나눈 거네요!
당연한 거 아냐?
상식적으로 생각한 것과 일치

그럼 이번에는 토막이 평균대의 왼쪽 $\frac{L}{4}$ 위치에 놓여 있다면 좌우 저울의 눈금은 어떻게 되겠니?
$\frac{L}{4}$
저울
저울
음, 상식적으로는 왼쪽 저울의 눈금이 더 크겠네요.
계산해봐.
우선 토막과 평균대에 작용하는 모든 힘을 그려야죠.
$\vec{F}_{N_l}$
$\vec{F}_{Nr}$
$\frac{L}{4}$
$\frac{L}{2}$
O
mg
Mg
$\vec{F}_{net} = 0$를 적용하면
$F_{N_l} + F_{Nr} - mg - Mg = 0$
이건 앞의 경우와 같네.

다음으로
$\vec{\tau}_{net} = 0$를 적용해야죠.
원점 O를 왼쪽 끝으로 잡고
$\tau = r_{\perp} F$
식을 쓰면
반시계 방향(+),
시계 방향(−)
$(0)F_{N_l} + LF_{Nr} - \frac{L}{4}mg - \frac{L}{2}Mg = 0$
따라서
$LF_{Nr} = \frac{L}{4}mg + \frac{L}{2}Mg$
$F_{Nr} = \frac{1}{4}mg + \frac{1}{2}Mg$
이것이
오른쪽 저울의
눈금
이것을 앞의 식
$F_{N_l} + F_{Nr} - mg - Mg = 0$
에 대입하면
$F_{N_l} + \frac{1}{4}mg + \frac{1}{2}Mg - mg - Mg = 0$
$F_{Nr} = \frac{3}{4}mg + \frac{1}{2}Mg$
이것이
왼쪽 저울의
눈금
그러니까
토막에 작용하는 중력 mg의 $\frac{3}{4}$은
왼쪽에 $\frac{1}{4}$은 오른쪽에
작용하는군요.
평균대에 작용하는
중력은 반반씩
예측한 대로
왼쪽 저울의
눈금이
더 크네.

이와 같이
정적 평형상태에 있는 물체에
작용하는 미지의 힘은
힘의 균형 $\vec{F}_{net}=0$
토크의 균형 $\vec{\tau}_{net}=0$
를 이용하여 구할 수 있단다.
이제까지 풀어 본 문제는
미지수의 개수와 수식의 개수가 같아서
미지수의 값들을 구할 수 있었지?
그러나 일반적으로는
미지수의 개수가 식보다 많아서
정적 평형상태의
힘의 균형과 토크균형 조건만으로는
풀 수 없는 것들이
많아.
응?

예를 들어
트렁크에 짐을 한쪽으로 실은,
즉 비대칭으로
짐을 실은 자동차를
생각해 보면
네 바퀴에 작용하는
힘의 크기는
모두 다르겠지?
따라서 미지수는 네 개,
그러나 식은 힘의 균형과
토크의 균형을 이용해
2개뿐이므로
구할 수가 없어.
오잉
이런 문제를
미확정 문제라고 해.

하지만
현실에서는
네 바퀴 밑에 저울을 두면
네 저울은 모두
네 바퀴에 작용하는 힘을
표시하잖아요.
어떻게
된 거지?
그건 우리가 이제까지
물체를 강체,
즉 물체가 힘을 가해도
찌그러지지 않는다고
가정했기 때문이야!
실제로
그런 물체는 없죠.
그렇지.
자동차의 네 바퀴는
실제로는
힘을 받아서
찌그러지지.
아하!

탄성
이와 같이 물체가 힘을 받으면 변형되는 것을 탄성이라고 한단다.

그러니까 앞의 평형식을 탄성을 고려해서 보완해야지만 현실과 맞는군요!
이야호~ 탄성

탁 탁
뭐예요?
쇠막대기

이 쇠막대기 속에는
뭐가 있겠니?
원자들이
있겠죠.
원자들은
매우 작은
강력한
스프링들로
3차원적으로
연결되어
있단다.
스프링
원자
이것을 3차원 격자라고 하지.
그러면
잡아당기거나 누르면
조금은 늘어나거나
줄어들겠네요.

그래서 쇠막대기 같은 강체들도 어느 정도 탄성을 가지고 있단다.
1 m
1 cm
이 쇠막대기를 천장에 붙이고 자동차를 매달면 0.5 mm 정도 늘어나지.
0.05 %
자동차를 떼면 원래 길이로 돌아가나요?
맞아. 이와 같이 늘어났다가 다시 원래 길이로 돌아가는 성질을 탄성이라고 해.

자동차를
두 대
매달아 봐라.
쇠막대가
조금 더 늘어나는데,
자동차들을 떼니까
원래 상태로
돌아가지는 않네요.
세 대 매달아 봐.
투 툭
늘어나다가
끊어져 버려요.

지금까지 실험한 것을
그래프로 그려봐.
네.

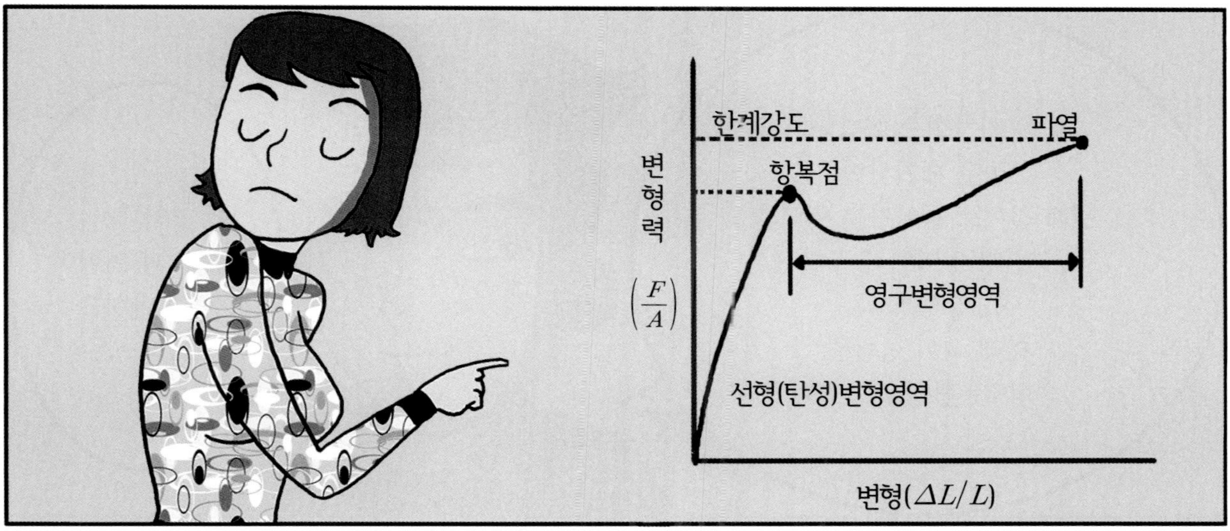
한계강도
파열
항복점
변형력 $\left(\frac{F}{A}\right)$
영구변형영역
선형(탄성)변형영역
변형($\Delta L/L$)

변형력은 보통
단위 면적당
가해지는 힘을 사용하지,
즉
변형력$=\frac{F}{A}$
F : 가해지는 힘
A : 면적

물체가 늘어난 정도, 즉 변형은 보통 물체의 길이 L분의 늘어난 길이 ΔL을 사용해, 즉 변형($\Delta L/L$)
1 m막대가 0.5 mm 늘어났다면 변형$=\frac{0.5\ \text{mm}}{1\times1000\ \text{mm}}=0.0005$
힘을 가하면 늘어났다가 힘을 제거하면 원래 길이로 돌아가는 영역을 탄성변형 영역이라고 하고, 이 영역에서는 아래 식이 성립해. 변형력=탄성률 ×변형
이 영역에서는 변형력과 변형이 비례 탄성률 : 비례 상수
변형력이 항복점 이상으로 증가하면 막대는 영구변형 되고, 또 한계강도에 도달하면 끊어져버리는군요.
되돌아오지 않아

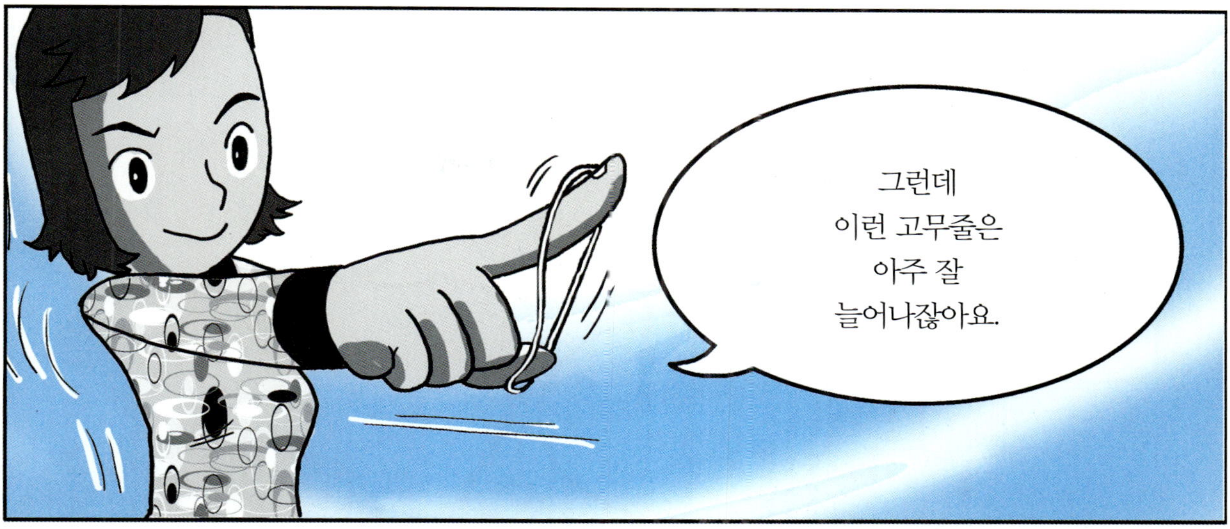
그런데
이런 고무줄은
아주 잘
늘어나잖아요.

그건 고무줄 내에
지렁이 같은 긴 분자사슬들이 있는데
그것들이 느슨한 스프링으로
연결되어 있어서야!
따라서
앞의 그래프는
물체의
재질에 따라
달라.

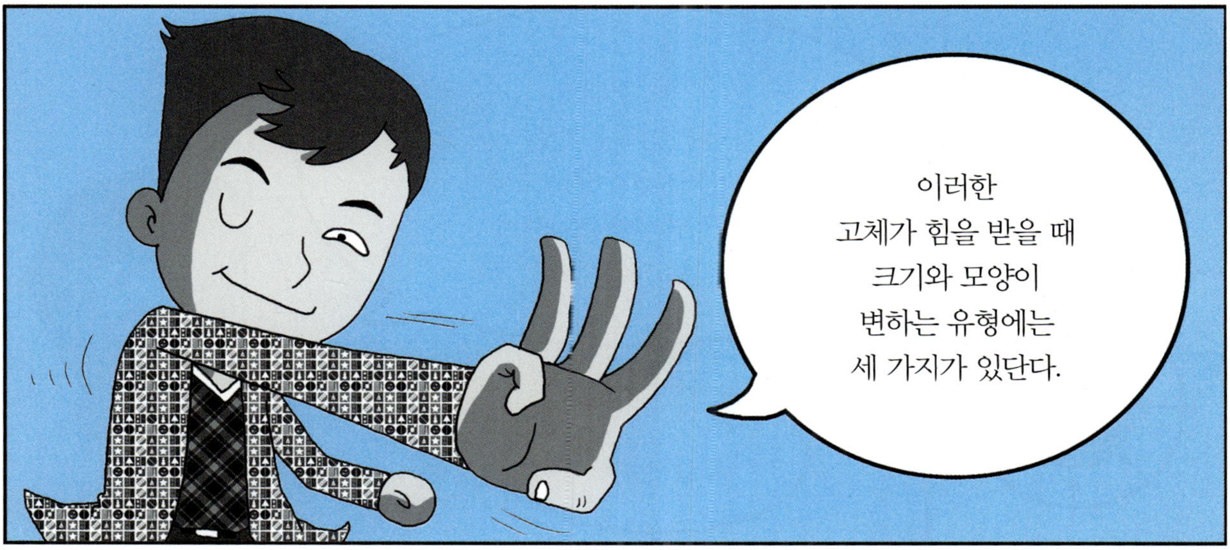
이러한
고체가 힘을 받을 때
크기와 모양이
변하는 유형에는
세 가지가 있단다.

F
L
$L+\Delta L$
F
첫 번째,
원통형막대를 잡아당기면
(장력을 가하면)
늘어나는 유형
잡아당기는
변형력

두 번째,
긴 축 방향에
수직인 힘을 가했을 때
(층밀리기 변형력)
찌그러지는 유형
Δx
F
L
F

세 번째,
높은 압력을 받는
유체 안에 들어 있는 고체가
모든 면에서 균일하게
압축되는 유형
ΔV
V
유압변형력

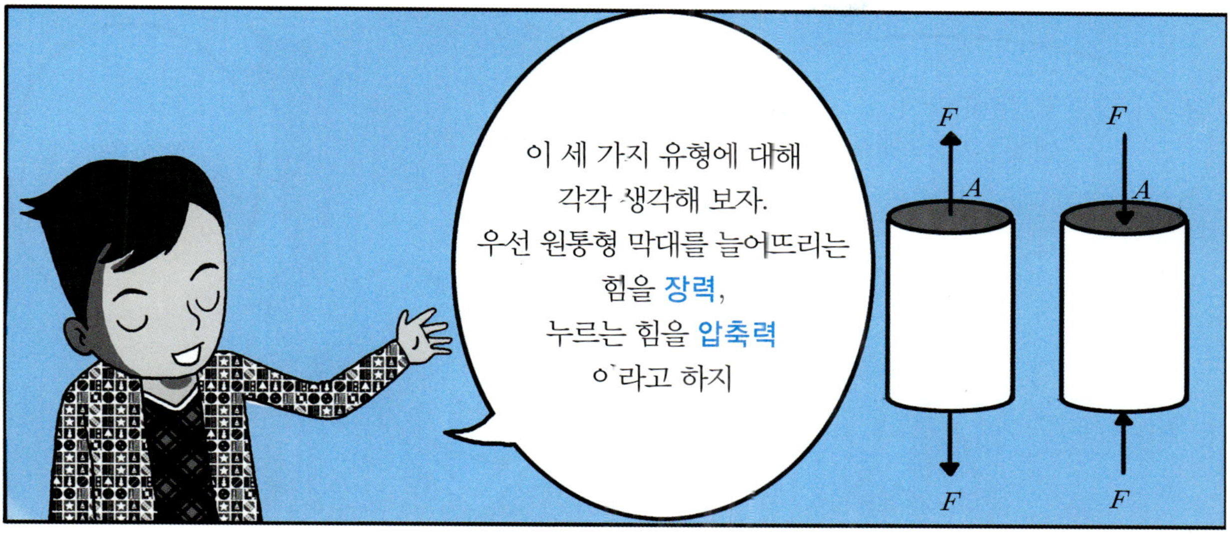
이 세 가지 유형에 대해
각각 생각해 보자.
우선 원통형 막대를 늘어뜨리는
힘을 장력,
누르는 힘을 압축력
이라고 하지
F
A
F
F
A
F

면적이 A이고
면적에 수직인 방향으로
크기 F인 힘을 가하면
변형력은
앞에서 얘기한 대로
변형력= F/A
단위면적당
힘

변형은
원래 길이가 L이고
늘어나거나 찌그러진 길이가
ΔL이면,
앞에서 얘기한 것과 같이
변형= ΔL/L

따라서
변형은 단위(차원)가
없어.
길이를
길이로
나눈
거니까!

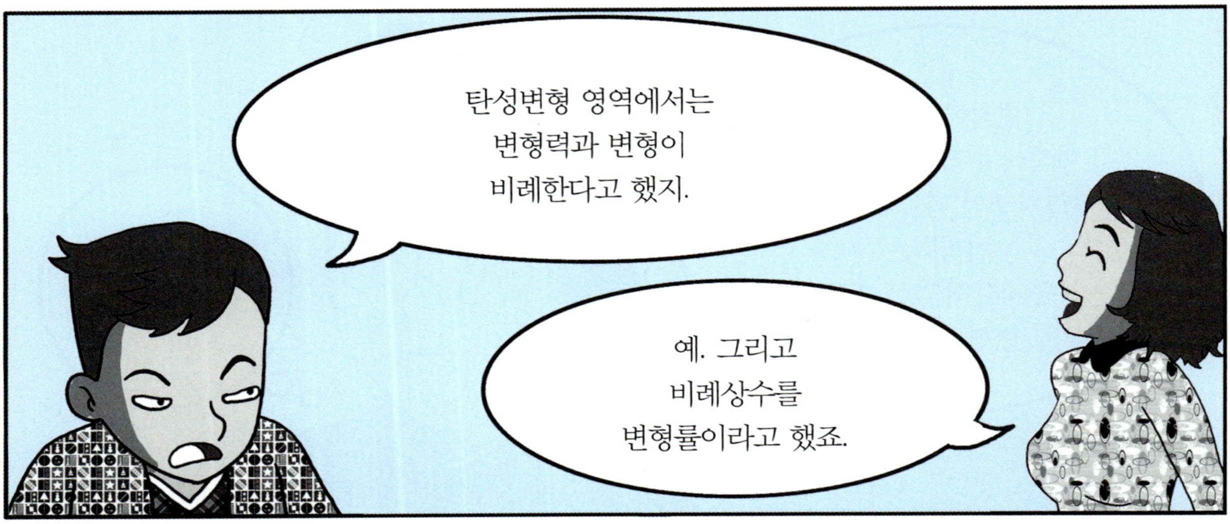
탄성변형 영역에서는
변형력과 변형이
비례한다고 했지.
예. 그리고
비례상수를
변형률이라고 했죠.

장력이나
압축력에 대한
탄성률을
Young률(영률)이라고
한단다.
Young은
사람 이름
Young률은
보통
E라고 쓰지.

그러면 이와 같은 식이 되겠네요. $\frac{F}{A}=E\frac{\Delta L}{L}$
E : 영률 단위는 변형력의 단위 N/m^2과 같음.
영률 E는 물질의 고유한 특성이야. 즉, 물질이 정해지고 탄성변형 영역 내라면 영률은 장력이나 압축력이 변해도 달라지지 않아.
비례상수니까.
한편, 물체의 한계강도(파괴되는 강도)는 변형력을 어느 방향으로 가야 하느냐에 따라 다를 수 있어.
즉, 장력이냐, 압축력이냐.

물질의 탄성 특성

물질	영률 (10^9 N/m^2)	항복점 (10^6 N/m^2)	한계강도 (10^6 N/m^2)
강철	200	250	400
알루미늄	70	96	110
유리	65	-	50
콘크리트	30	-	40
목재	13	-	50
뼈	9	-	170

다음으로
층밀리기 변형에 대해
생각해 보자.
촤 아 악ㅡ
이 경우
변형력은 역시
단위 면적당 힘(F/A)이지만
힘이 면에 수직이지 않고
면의 안에 있다는 점이
다르지.
Δx
F
L
F
이때 변형은 $\Delta x/L$이야.
그리고 탄성률로는
이 경우 층밀리기 탄성률 G를 쓰지.
즉, $\frac{F}{A} = G\frac{\Delta x}{L}$

층밀리기 변형력은
하중을 받아
회전축이 부러지거나,
뼈를 구부리다
금이 가는 경우 등에 해당됨.
뚝
이 얍
뼈에
금 갔겠다.
아 약
뚜두둑
마지막으로
유압압축을 살펴보자.
이 경우 변형력은
유압 P야.
P
V
ΔV
P는 압력이니까
그 자체로
단위면적당 힘
변형은 $\Delta V/V$,
탄성률은
부피탄성률 B라고 부르지.
즉, $P = B\frac{\Delta V}{V}$

물질	부피탄성률 B(N/m^2)
물	2.2×10^9
강철	1.6×10^{11}

퀴즈 1 길이 $L = 14\ \text{cm}$, 질량 $m = 0.21\ \text{kg}$인 책이 그림과 같이 책꽂이에 비스듬히 놓여 있다. 책꽂이의 수직면은 마찰이 없고, 마찰이 있는 책꽂이 바닥면과 책이 이루는 각도는 $30°$이다. 책의 질량 중심은 중앙에 있을 때, 책꽂이의 수직면과 바닥면이 책에 작용하는 힘을 구하라.

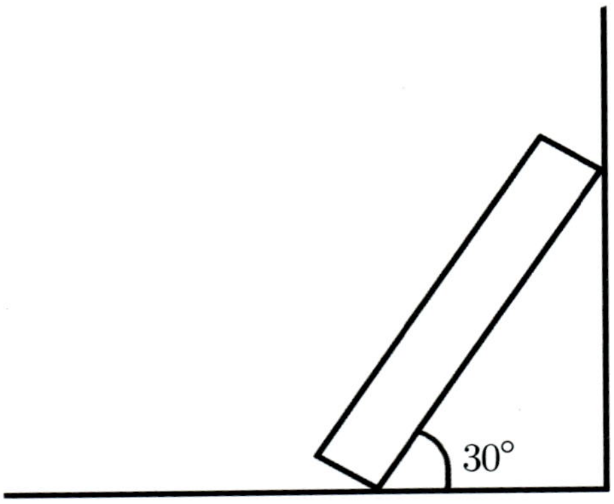

답 작용하는 힘들을 모두 그리면 그림과 같다.

mg : 책에 작용하는 중력
F_ω : 책꽂이 수직면의 수직력
F_N : 책꽂이 바닥면의 수직력
f_s : 책꽂이 바닥면의 정지마찰력

구하려는 힘은 F_ω와 F_N이다.
우선 힘의 균형 $\vec{F}_{net} = 0$를 적용하면

$$F_N = mg, \quad F_\omega = f_s$$

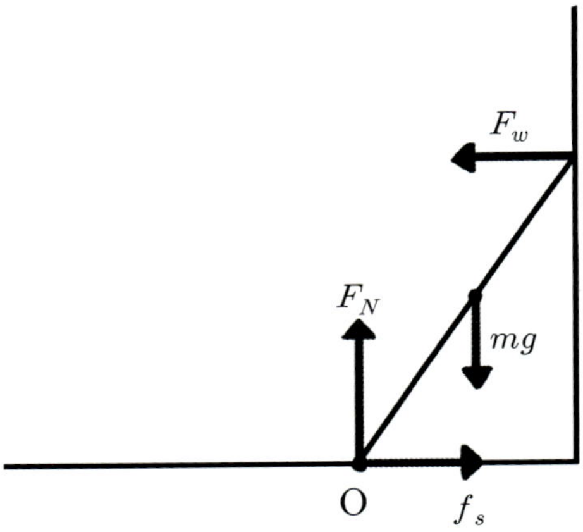

두 번째로 토크의 균형 $\vec{\tau}_{net} = 0$를 적용.
원점을 그림과 같이 잡는다.
토크 $\tau = r_\perp F$적용. F_N과 f_s는 원점 O에 작용하므로 $r_\perp = 0$.

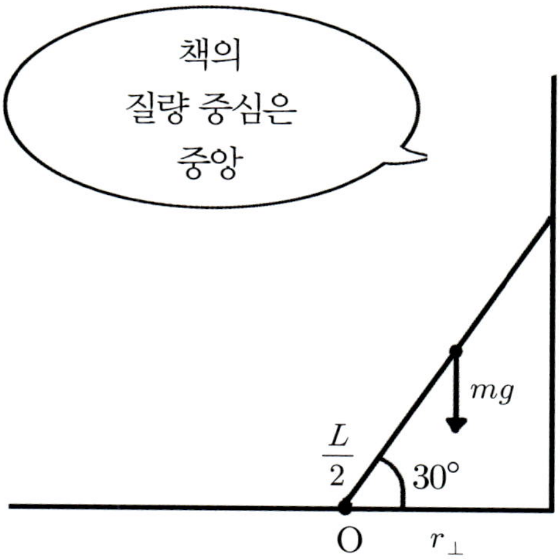

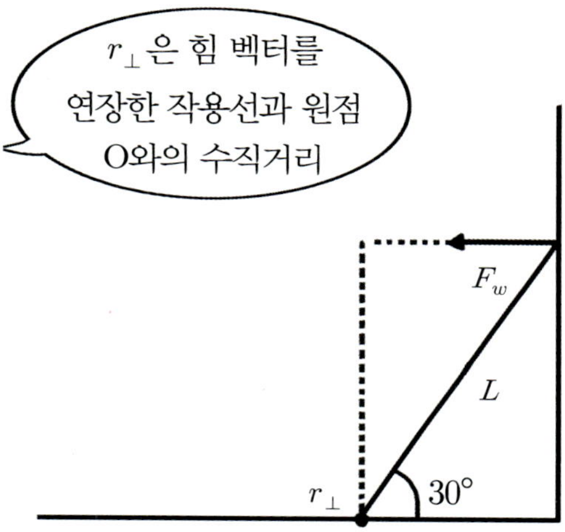

답 다음으로 책에 작용하는 중력 mg에 의한 토크의 경우 $r_\perp$은 옆의 그림과 같이

$$r_\perp = \frac{L}{2}\cos 30°$$

마지막으로 책꽂이 수직면에 작용하는 수직력 F_ω에 의한 토크의 경우

$$r_\perp = L\sin 30°$$

이것들을 모두 한꺼번에 쓰면

$$\tau_{net} = (0)F_N + (0)f_s - \frac{L}{2}\cos 30°(mg) + L\sin 30°(F_\omega)$$

$$= 0$$

따라서

$$L\sin 30°(F_\omega) = \frac{L}{2}\cos 30°(mg)$$

$$F_\omega = \frac{\cos 30°}{2\sin 30°}mg$$

$m = 0.21$ kg, $g = 9.8$ m/s^{2}을 대입하면

$L\sin 30°$

$$F_\omega = \frac{\cos 30°}{2\sin 30°}mg \approx 1.8\ N$$

드 F_N은 앞에 mg이었으므로

$$F_N = mg = (0.21)(9.8) \approx 2.1\ N$$

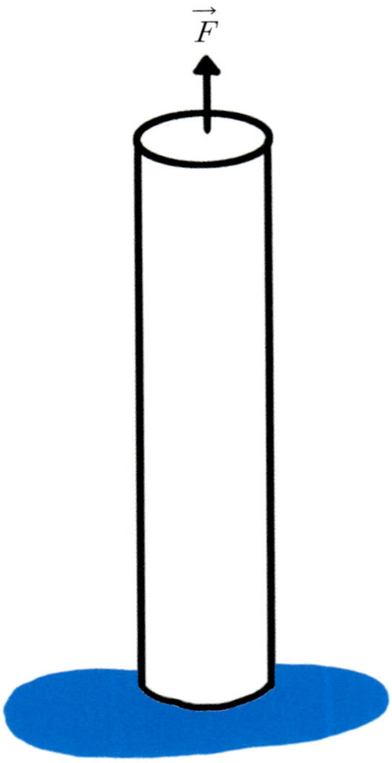

퀴즈 2

반경 $R=6.4$ cm, 길이 $L=72$ cm인 원통형 강철막대를 56 kN의 힘으로 막대의 단면에 수직인 길이 방향으로 잡아당길 때

(a) 막대에 가해지는 변형력

(b) 늘어난 길이

(c) 변형을 구하라

단, 강철의 영률 $E=2\times 20^{11}\ \mathrm{N/m^2}$이다.

답

(a) 변형력=단위면적당 힘$=F/A$

$$=\frac{F}{\pi R^2}=\frac{56\times 10^3\ \mathrm{N}}{(3.14)(6.4\times 10^{-2}\ \mathrm{m})^2}$$

$$=2.8\times 10^5\ \mathrm{N/m^2}$$

(b) $\dfrac{F}{A}=E\dfrac{\Delta L}{L}$

따라서

$$\Delta L=\left(\frac{F}{A}\right)\left(\frac{L}{E}\right)=(2.8\times 10^5\ \mathrm{N/m^2})\frac{72\times 10^{-2}\ \mathrm{m}}{2\times 10^{11}\ \mathrm{N/m^2}}$$

$$=1.0\times 10^{-6}\ \mathrm{m}=1.0\times 10^{-3}\ \mathrm{mm}$$

(c) 변형$=\Delta L/L$

$$=\frac{1.0\times 10^{-6}\ \mathrm{m}}{72\times 10^{-2}\ \mathrm{m}}=0.14\times 10^{-5}$$

퀴즈 3 길이 1.2 m인 세 개의 다리와 길이가 이보다 $d = 1.0$ mm 짧은 하나의 다리를 갖는 플라스틱 테이블 위에 테이블의 질량보다 매우 큰 질량 180kg의 돌을 올려놓았더니 네 다리에 압축력이 가해져서 기우뚱거리지 않고 테이블의 윗면이 수평이 되었다. 또 테이블 다리는 휘지 않았으며, 다리의 단면적은 2.0 cm^2이고, 영률은 3.0×10^9 N/m^2이다. 테이블 다리들이 압축되어서 줄어든 길이와 바닥이 다리에 가하는 힘들의 크기를 구하라.

답 세 다리가 길고 한 다리가 짧으므로 긴 세 다리에는 동일한 더 큰 힘(F_1)이 작용해서 ΔL_1만큼 크게 압축되고, 짧은 한 다리에는 더 작은 힘(F_2)가 작용해서 ΔL_2만큼 더 작게 압축될 것이다. 그리고 테이블 윗면이 수평이 되었으므로

$$\Delta L_1 = \Delta L_2 + d$$

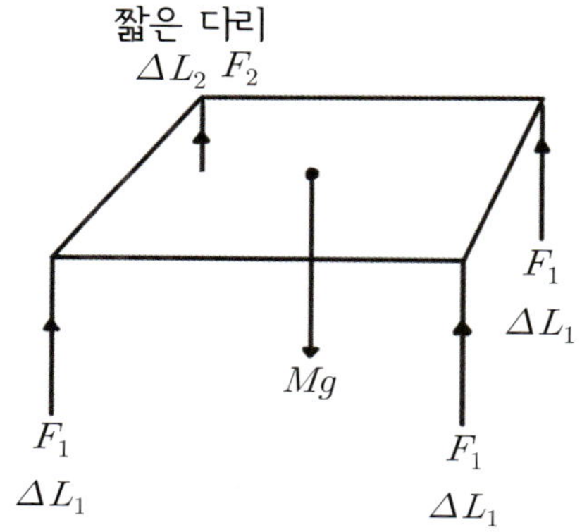

답 그런데 $\frac{F}{A} = E\frac{\Delta L}{L}$ 이므로

$$\Delta L = \frac{F}{A}\frac{L}{E}$$

다리의 단면적은 모두 2.0 cm^2로 같으므로 A로 놓음.

이것을 위의 식 $\Delta L_1 = \Delta L_2 + d$에 대입하면

$$\frac{F_1}{A}\frac{L_1}{E} = \frac{F_2}{A}\frac{L_2}{E} + d$$

여기서 $L_1 \approx L_2 = L$이라고 놓으면

$$\frac{F_1}{A}\frac{L}{E} = \frac{F_2}{A}\frac{L}{E} + d \qquad (*)$$

긴 다리와 짧은 다리가 1.0 mm 밖에 차이 나지 않아 다리 길이 1.2 m에 비하면 차이는 무시할 수 있을 정도

또 하나의 식을 만들기 위해서 힘의 균형($\vec{F}_{net} = 0$)를 이용하면

$$3F_1 + F_2 - Mg = 0$$

따라서

$F_2 = Mg - 3F_1$

위 식 (*)에 대입

M은 돌의 질량 테이블에 작용하는 중력은 무시

$$\frac{F_1}{A}\frac{L}{E} = \frac{Mg - 3F_1}{A}\frac{L}{E} + d$$

$$\left(\frac{F_1}{A} + \frac{3F_1}{A}\right)\frac{L}{E} = \frac{Mg}{A}\frac{L}{E} + d,\ \frac{4F_1}{A}\frac{L}{E} = \frac{Mg}{A}\frac{L}{E} + d$$

답

$d = 1.0\ \text{mm} = 1.0\times10^{-3}\ \text{m}$
$M = 180\ \text{kg}$
$A = 2.0\ \text{cm}^2 = 2.0\times10^{-4}\ \text{m}^2$
$L = 1.2\ \text{m}$
$E = 3.0\times10^{9}\ \text{N/m}^2$ 대입

$$\frac{4F_1}{A} = \left(\frac{Mg}{A}+d\right)\frac{E}{L},$$

$$F_1 = \left(\frac{Mg}{A}\frac{L}{E}+d\right)\frac{E}{L}\cdot\frac{A}{4}$$

$$F_1 = \frac{Mg}{4}+\frac{dEA}{4L}$$

$$F_1 = \frac{(180\ \text{kg})(9.8\ \text{m/s}^2)}{4}+\frac{(1.0\times10^{-3}\ \text{m})(3.0\times10^{9}\ \text{N/m}^2)(2.0\times10^{-4}\ \text{m}^2)}{4(1.2\ \text{m})}$$

$$\approx 4.4\times10^2\ N + 1.3\times10^2\ N$$

$$= 5.7\times10^2\ N$$

$$F_2 = Mg - 3F_1 = (180\ \text{kg})(9.8\ \text{m/s}^2) - 3(5.7\times10^2\ \text{N})$$

$$= 1.8\times10^3\ N - 1.7\times10^3\ N$$

$$= 1.0\times10^2\ N$$

긴 다리가 줄어든 길이 ΔL_1은

$$\Delta L_1 = \frac{F_1}{A}\frac{L}{E} = \frac{5.7\times10^2\ \text{N}}{2.0\times10^{-4}\ \text{m}^2}\cdot\frac{1.2\ \text{m}}{3.0\times10_9\ \text{N/m}^2}$$

$$\approx 1.2\times10^{-3}\ \text{m} = 1.2\ \text{mm}$$

짧은 다리가 줄어든 길이 ΔL_2은

$$\Delta L_2 = \frac{F_2}{A}\frac{L}{E} = \frac{1.0\times10^2\ \text{N}}{2.0\times10^{-4}\ \text{m}^2}\cdot\frac{1.2\ \text{m}}{3.0\times10_9\ \text{N/m}^2}$$

$$\approx 0.2\times10^{-3}\ \text{m} = 0.2\ \text{mm}$$

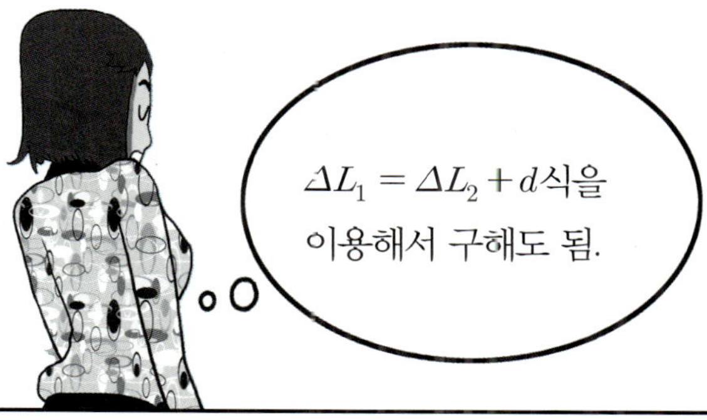

| 저자 약력 |

조재경

서울대학교 공과대학 공학사 및 동 대학원 공학석사
주식회사 SKC 선임연구원
일본 동경공업대학 공학박사
미국 카네기멜론대학교 연구원
경상대학교 조교수 및 부교수
주식회사 CNK 대표이사
미국 어번대학교 교환교수
현 경상대학교 교수

일반물리학이라면 이제 만화로 공부하세요 | 고전역학

2016년 11월 15일 초판 발행
2023년 6월 15일 초판 2쇄 발행

저 자 조재경
발행자 오판근
발행처 교우사

주 소 서울특별시 동대문구 약령시로 8 교우빌딩 2층
전 화 925-2861~2, 편집부 / 925-2825, 홈쇼핑 / 969-5762
팩 스 925-2860

E-mail kyowoo@kyowoo.co.kr
홈페이지 http://www.kyowoo.co.kr
북스토어(쇼핑몰) http://www.kyowoo.co.kr

등 록 1994. 3. 24 제6-0256호

ISBN 979-11-251-0182-6 (94420)
979-11-251-0181-9(세트)
값 32,000 원